Der Photovoltaik Guide für Einsteiger

SEBASTIAN BRUNO

Für Fragen und Anregungen:
info@edition-lunerion.de
Auflage 2024

Inhalt

Nachhaltige Energiegewinnung für Ihr Zuhause

Unabhängig davon, ob Sie sich gerade konkret mit der Installation einer eigenen Photovoltaikanlage beschäftigen oder sich erst einmal über die Möglichkeiten und Anforderungen informieren möchten: In diesem Ratgeber finden Sie umfassende Antworten auf die wichtigsten Fragen rund um die Selbstinstallation einer Solaranlage. Von den Grundlagen der Energiegewinnung über die verschiedenen Systemtypen bis hin zu den aktuellen Entwicklungen in Forschung und Technik – dieser Leitfaden bietet Ihnen das nötige Wissen, um fundierte Entscheidungen zu treffen. Die Sonne ist dabei natürlich das Herzstück jeder Solaranlage. Doch wie genau kann ihr Licht effektiv für die Stromerzeugung genutzt werden? Welche Auswirkungen hat dies auf die Umwelt, und wie sieht es mit der Nachhaltigkeit der Photovoltaik aus? Hier finden Sie nicht nur technische Informationen, sondern auch eine Betrachtung der ökologischen Bilanz, um sicherzustellen, dass die positiven Effekte nicht durch den Ressourcenverbrauch bei der Herstellung zunichtegemacht werden. Aktuelle Studien und Berechnungen zur Ökobilanz sind ebenfalls Bestandteil dieses Ratgebers.

Egal, ob ein Hausdach, eine Fassade oder eine Freifläche zur Verfügung steht, hier werden verschiedene Aufstellmöglichkeiten aufgezeigt und erläutert, welche Anlagen für Ihre individuellen Voraussetzungen geeignet sind. Lernen Sie, wie die optimale Leistung der Anlage bestimmt wird, welche Komponenten nötig sind und welche Funktionen diese erfüllen. Mit ausführlichen Kostenübersichten und Hinweisen zu möglichen Förderungen lässt sich die Wirtschaftlichkeit der Investition selbst bewerten.

Von der Planung bis zur Montage gibt es eine Schritt-für-Schritt-Anleitung. Hilfreiche Checklisten, Tabellen und praxisnahe Tipps, etwa zur Vermeidung typischer Fehler bei der Installation und Wartung, sorgen dafür, dass die Photovoltaikanlage reibungslos in Betrieb geht und langfristig zuverlässig arbeitet. Darüber hinaus erhalten Sie Informationen zu möglichen Risiken und wie diese minimiert werden können. Wichtige rechtliche und steuerliche Aspekte werden ebenfalls ausführlich behandelt, sodass eine umfassende Vorbereitung gewährleistet ist. Konkrete Produktempfehlungen für bestimmte Hersteller werden Sie hier jedoch nicht finden, da sich der Markt ständig verändert. Stattdessen liegt der Fokus auf allgemeinen Prinzipien und praxisbewährten Tipps, um Unabhängigkeit und Flexibilität zu gewährleisten. Mit diesem umfassenden Ratgeber steht der erfolgreichen Installation der eigenen Photovoltaikanlage nichts mehr im Weg!

Licht als Energiespender

Licht liefert Energie. Und das bereits seit Millionen von Jahren. Unsere natürliche Lichtquelle ist die Sonne. Sie ist nicht nur für unsere Natur bei der Photosynthese unabdingbar, sondern löst auch bei uns Menschen im Körper viele positive Prozesse aus.

Photosynthese: Pflanzen nutzen die Energie des Sonnenlichts in einem Prozess namens Photosynthese, um Kohlendioxid und Wasser in Glukose und Sauerstoff umzuwandeln. Dieser Prozess ist für das Wachstum von Pflanzen und somit für die Nahrungsmittelproduktion unerlässlich.

Durch die Sonneneinstrahlung erhöht sich die Zellteilung, die Blutgefäße weiten sich und senken dadurch den Blutdruck. Zusätzlich verdickt sich durch die UVB-Strahlung die Hornschicht der Haut, was den natürlichen Sonnenschutz erhöht. Gleichzeitig werden bestimmte weiße Blutkörperchen aktiviert, die uns vor Viren und Bakterien schützen. Die Sonne reguliert auch unseren Tag-Nacht-Rhythmus durch die Bildung der richtigen Dosis der Hormone Cortisol und Melatonin. Auch für die Bildung des Vitamins D, welches besonders wichtig für die Knochengesundheit und das Immunsystem ist, ist die Sonne hauptsächlich verantwortlich.

Cortisol ist ein Hormon, das von den Nebennieren produziert wird. Es gehört zur Gruppe der Glukokortikoide und übernimmt eine wichtige Rolle im Körper, insbesondere bei der Reaktion auf Stress. Cortisol hat verschiedene Funktionen, darunter die Regulierung des Stoffwechsels, die Unterstützung des Immunsystems, die Kontrolle des Blutzuckerspiegels und die Modulation des Blutdrucks. Es wird oft als „Stresshormon" bezeichnet, da sein Spiegel während stressiger Situationen ansteigt, um dem Körper die Energiebereitstellung zu erleichtern und ihn auf die Bewältigung der Belastung vorzubereiten.

Melatonin ist ein Hormon, das hauptsächlich von der Zirbeldrüse im Gehirn produziert wird, obwohl es auch in anderen Teilen des Körpers vorkommt, wie zum Beispiel im Darm. Es übernimmt eine wichtige Rolle bei der Regulation des Schlaf-Wach-Zyklus, auch bekannt als der zirkadiane Rhythmus.

Die Produktion von Melatonin wird normalerweise durch Licht beeinflusst. Bei Dunkelheit steigt die Produktion an, was dazu beiträgt, den Körper auf den Schlaf vorzubereiten. Im Gegensatz dazu wird die Produktion während des Tages durch das Licht unterdrückt. Dieser Mechanismus ist einer der Gründe, warum es wichtig ist, sich an einen regelmäßigen Schlaf-Wach-Zyklus zu halten und helles Licht vor dem Schlafengehen zu vermeiden, da es die Produktion von Melatonin behindern kann.

Die Sonne sendet uns kontinuierlich Energie in Form von elektromagnetischer Strahlung aus. Ein Teil dieser Strahlung erreicht die Erde in Form von unsichtbaren Strahlen wie Infrarot- und UV-Strahlung, ein anderer Teil in Form von sichtbarem Licht. Folglich versorgt uns die Sonne nicht nur mit Licht, sie liefert uns einen riesigen, unerschöpflich funktionierenden Fusionsreaktor. Das jährlich auf die Erdoberfläche einfallende Sonnenlicht erzeugt hierbei eine Energiemenge, die etwa dem 7000- bis 8000-Fachen des weltweiten Primärenergiebedarfs entspricht. Was die Natur uns schon seit langem vormacht, versucht die Menschheit, in der Technik nachzubauen, indem wir die Sonne als Wärmequelle nutzen. Denn das Sonnenlicht erwärmt die Erdoberfläche, was nicht nur das Klima beeinflusst und das Leben auf der Erde erst möglich machte – das riesige Potenzial der Wärmeenergie wird durch Sonnenkollektoren gesammelt und für die Erzeugung von Solarthermie genutzt.

Solarthermie: Durch Sonnenkollektoren kann im Haushalt sowohl das Brauchwasser erwärmt als auch die Wärme für die Heizungsunterstützung genutzt werden.

Das ist nicht nur günstig, es werden dabei auch wichtige Ressourcen wie Öl und Gas eingespart. Zum anderen wird die Solarenergie als Stromquelle genutzt und mit Hilfe von Photovoltaikzellen in elektrische Energie umgewandelt. Diese Solarenergie wird immer häufiger genutzt, um sauberen und erneuerbaren Strom zu erzeugen, der in Haushalten und Unternehmen verwendet wird.

Die Kraft der Solarstrahlung

Eine Photovoltaikanlage nutzt die Kraft der Solarstrahlung und wandelt sie in Strom um. Um die Effizienz einer Photovoltaikanlage beurteilen zu können, kommen wir an dieser Stelle nicht drumherum, einige physikalische Zusammenhänge näher zu betrachten.

Die Sonnenstrahlung wird auch als Solarstrahlung bezeichnet und als Solarkonstante (Eo) in Watt/m² angegeben.

Solarstrahlung: Die Solarstrahlung bezeichnet die gesamte elektromagnetische Energie, die uns von der Sonne aus in Richtung Erde geschickt wird. An der Grenze zur Erdatmosphäre beträgt sie etwa 1.367 W/m².

Ein Teil dieser Strahlung wird durch die Atmosphäre der Erde reflektiert und steht uns für die Stromproduktion nicht zur Verfügung. Der restliche Teil, die Globalstrahlung, trifft direkt auf die Erdoberfläche. Auch hierbei wird nochmals ein Teil der Strahlung reflektiert und in Wärme umgewandelt. Die letztendlich auf die Solarmodule auftretende Strahlung wird ebenfalls in Watt/m² angegeben und ist sehr stark von der Jahreszeit und der Bewölkung abhängig. Bei optimalen Bedingungen kann die Globalstrahlung 1.000 Watt/m² betragen, unter schlechten Bedingungen jedoch auf 50 Watt/m² absinken. Der Deutsche Wetterdienst erstellt Karten mit monatlichen und jährlichen Werten der Globalstrahlung. Diese ist somit ein wichtiger Faktor für die Produktivität der Photovoltaikanlage.

Sonneneinstrahlung & Sonnenstunden in Deutschland

Die durchschnittliche Sonneneinstrahlung in Deutschland liegt jährlich bei ca. 1.000 Kilowattstunden (kWh) pro Quadratmeter. Die Höhe wird außerdem von dem Wetter (Bewölkung), dem Standort (Höhe über dem Meeresspiegel) und der Tageslänge beeinflusst. Somit ist die Strahlung in den Sommermonaten Mai, Juni, Juli und August um das 5-Fache höher als im Winter. Durch die technische Weiterentwicklung des Wirkungsgrades und des Schwachlichtverhaltens produzieren Photovoltaikanlagen mittlerweile auch in den Monaten September bis April Strom und sind deshalb das ganze Jahr über produktiv.

Ein wichtiger Indikator für die Sonneneinstrahlung sind die Sonnenstunden. Sie werden vom Deutschen Wetterdienst ermittelt und betragen in Gesamtdeutschland, von insgesamt jährlich 8.760 Zeitstunden, im Durchschnitt nur 1.300 bis 1.900 Sonnenstunden. Dabei werden nur wolkenfreie Stunden berücksichtigt, die direkte Sonnenstrahlung beträgt dabei senkrecht zur Sonnenrichtung mindestens 120 W/m². Die meisten Sonnenstunden können Menschen in Süddeutschland genießen, gefolgt von Norddeutschland und dann Mitteldeutschland.

Die Ökobilanz von Photovoltaik im Überblick

Die Installation einer Photovoltaikanlage hat verschiedene Gründe. Neben wirtschaftlichen Berechnungen werden die Umweltaspekte von vielen Menschen immer stärker gewichtet. Der Klimawandel ist nicht mehr nur ein abstrakter Begriff, sondern dessen Auswirkungen werden auch im „klimafreundlichen“ Deutschland immer häufiger in Form von Überschwemmungen und Waldbränden in Folge von Trockenperioden spürbar. Das Vorurteil, die Produktion und die Entsorgung einer Photovoltaikanlage seien so umweltschädlich, dass der Betrieb und die produzierte Energie für eine positive Bilanz nicht ausreichen, ist weit verbreitet. Nachfolgend erfahren Sie interessante Informationen zu den neuesten Statistiken und Berechnungen zur Ökobilanz von Photovoltaikanlagen und können für sich so die notwendigen Schlüsse ziehen.

Um die Auswirkungen dieser Technologie auf die Umwelt beurteilen zu können, müssen verschiedene Aspekte und Bereiche berücksichtigt werden.

Als Erstes schauen wir uns die Produktion und die Rohstoffe der Module an, die bei der Herstellung verwendet werden.

Da für die Produktion natürlich Strom benötigt wird, ist ein wichtiger Faktor für die Betrachtung der Standort der Produktionsanlagen. Liegt er in einem Land mit einem hohen Anteil an fossiler Energieerzeugung, wie China, sind auch die dabei entstehenden CO_2-Emissionen höher als z. B. bei der Produktion in Deutschland, wo auch schon bei der Herstellung Solarstrom verwendet wird. Zusätzliche Einsparung von CO_2 bei der Produktion der Module in Deutschland entsteht durch die kurzen Transportwege. Neben CO_2-Emission entstehen weitere Umweltbelastungen durch die Silizium-Gewinnung.

Silizium: Silizium ist ein chemisches Element mit dem Symbol Si und der Ordnungszahl 14. Es ist ein Halbmetall und das zweithäufigste Element in der Erdkruste nach Sauerstoff. Silizium kommt in verschiedenen Formen vor, darunter Siliziumdioxid (Sand) und Siliziumkarbid. Es wird hauptsächlich in der Elektronikindustrie verwendet, um Halbleiter herzustellen, die in Computerchips, Solarzellen und anderen elektronischen Geräten verwendet werden. Silizium ist ein wichtiger Rohstoff für die moderne Technologie und spielt eine wichtige Rolle in vielen Industriebereichen.

Zusammen mit der Produktion der Module werden somit schon rund 90 % der gesamten CO_2-Emission einer PV-Anlage erzeugt. Deshalb ist für die Ökobilanz nicht nur der Standort der Produktion wichtig, sondern auch die bauliche Art der verwendeten Module. Es wird hauptsächlich in drei unterschiedliche Arten unterteilt:

Monokristalline Module

Den größten Marktanteil, von ca. 80 %, haben die monokristallinen Module. Ursprünglich für die Raumfahrt und für Satelliten entwickelt, haben sie einen sehr hohen Wirkungsgrad von ca. 22 % oder mehr.

Wirkungsgrad: Der Wirkungsgrad von Solarmodulen weist den Prozentsatz aus, der aus Sonnenenergie in elektrische Energie umgewandelt wird. Ein höherer Wirkungsgrad bedeutet, dass ein Solarmodul mehr Sonnenlicht in elektrischen Strom umwandeln kann und somit eine höhere Leistung pro Fläche erzielt. Das spielt eine Rolle bei der Entscheidung für bestimmte Solarmodule, je nach den individuellen Anforderungen und Gegebenheiten eines Projekts.

Bei der Produktion werden aus einer Siliziumschmelze Stäbe gezogen und diese werden anschließend in dünne Scheiben (Wafer) zersägt.

Wafer: Ein Wafer ist eine dünne Scheibe aus einem Halbleitermaterial wie Silizium, die sehr häufig in der Mikroelektronik verwendet wird. Auf einem Wafer werden elektronische Bauelemente wie Transistoren und integrierte Schaltkreise hergestellt. Wafer sind die Grundlage für die Produktion von Computerchips und anderen elektronischen Geräten.

Das aber benötigt viel Zeit und Energie. Aus diesem Grund sind sie recht teuer und haben eine schlechtere Ökobilanz im Vergleich zu den zwei anderen Arten der Module. Der hohe Bedarf an Silizium ist die Hauptursache dafür. Es gibt aber inzwischen auch Verfahren, bei denen bis zu 50 % dieses Rohstoffes eingespart werden können und die energetische Amortisation sich somit deutlich verkürzen lässt.

Amortisation: ist der Zeitraum, in dem die Einnahmen oder Einsparungen einer Investition die Ausgaben dafür erreicht oder übertroffen haben. Je kürzer die Zeit ist, desto effektiver ist die Investition.

Polykristalline Module

Die polykristallinen Module haben einen Marktanteil von etwa 15 % und unterscheiden sich nicht nur optisch durch ihre bläuliche Färbung von den monokristallinen Modulen, sondern auch in der Herstellung. Dabei wird ebenso meistens Silizium (es gibt auch Solarzellen aus anderen oder aus mehreren Materialien) eingeschmolzen. Beim Abkühlen entstehen unterschiedlich große Kristallstrukturen. Je nach Verfahren werden von diesen Blöcken oder Ingots (ein Block aus einem Halbleitermaterial) bei der Weiterverarbeitung dünne Streifen abgeschnitten. Durch die dabei entstehenden Verschmutzungen reduziert sich der Wirkungsgrad auf ca. 18 %. Jedoch ist die Produktion bei diesen Verfahren nicht so energieaufwendig und dadurch günstiger und umweltfreundlicher als bei den monokristallinen Modulen.

Dünnschicht-Module
Diese Module benötigen bei der Herstellung nur eine geringe Menge an Rohstoffen. Das kann entweder Silizium, Cadmiumtellurid oder Kupfer-Indium-Gallium-Diselenid sein.

Cadmiumtellurid: Cadmiumtellurid ist ein Halbleitermaterial, das aus den Elementen Cadmium und Tellur besteht. Es wird häufig in der Photovoltaik-Industrie verwendet, um Dünnschicht-Solarzellen herzustellen. Cadmiumtellurid ist jedoch auch ein giftiges Material und kann bei unsachgemäßer Handhabung oder Entsorgung Umwelt- und Gesundheitsschäden verursachen. Daher ist es wichtig, bei der Verwendung von Cadmiumtellurid entsprechende Sicherheitsmaßnahmen zu treffen und auf eine ordnungsgemäße Entsorgung zu achten.

Kupfer-Indium-Gallium-Diselenid (CIGS): Dies ist ein Halbleitermaterial, das häufig in der Herstellung von Dünnschicht-Solarzellen verwendet wird. Es besteht aus den Elementen Kupfer, Indium, Gallium und Selen. CIGS-Solarzellen zeichnen sich durch eine hohe Energieumwandlungseffizienz und Flexibilität aus, was sie für verschiedene Anwendungen attraktiv macht. Sie können auch bei diffusem Licht gut arbeiten und haben eine hohe Leistungsdichte. Die Verwendung von Kupfer-Indium-Gallium-Diselenid als Rohstoff in der Solarindustrie trägt zur Entwicklung von umweltfreundlichen und nachhaltigen Energiequellen bei.

Diese werden dann in einer Schicht von nur wenigen Mikrometern auf ein Trägermaterial aufgebracht. Dadurch sind sie relativ günstig in der Anschaffung und aufgrund des geringen Gewichtes eignen sich die Module auch für Dächer mit geringer Tragfähigkeit. Zusätzliche Vorteile sind die hohe Flexibilität der Module und die gute Effizienz auch bei nicht optimalen Lichtverhältnissen. Dadurch eignen sich die Module des Weiteren sehr gut für den Einsatz auf Fensterflächen, Hausfassaden oder in Kleingeräten wie Taschenrechnern. Sogar eingenäht in Kleidung können sie als Energiequelle genutzt werden. Ein wesentlicher Nachteil ist jedoch der niedrige Wirkungsgrad von nur ca. 10 bis 13 %. Sie benötigen folglich fast die doppelte Fläche, um einen vergleichbaren Ertrag wie bei den monokristallinen Modulen zu erreichen. Der starke Leistungsabfall nach den ersten Monaten und die im Vergleich kürzere Lebensdauer der Module sollten bei der Anschaffung ebenfalls berücksichtigt werden.

Als nächsten Schritt in der Betrachtung der Ökobilanz schauen wir uns die Installation und den Betrieb von PV-Anlagen an.

Obwohl es hier nur einen geringen Teil der Umweltbelastung ausmacht, kann diese durch die Auswahl von regionalen Anbietern mit kurzen Lieferwegen weiter reduziert werden. Eine fachgerechte Montage trägt auch im Wesentlichen zu einem besseren Wirkungsgrad bei und verbessert somit die Ökobilanz. Beim Betrieb einer PV-Anlage wird kein CO_2 erzeugt.

Zum Schluss steht noch die Entsorgung der Module an.
Die Entsorgung ist teuer und umweltschädlich. Dieses hartnäckige Vorurteil hält sich schon sehr lange. Was viele nicht wissen: Gerade die mono- und polykristallinen Module lassen sich zu nahezu 90 % recyclen. Dabei werden unter anderem die Rohstoffe wie Silizium, Kupfer und Aluminium herausgetrennt und wiederverwendet – ein weiterer Pluspunkt für Solaranlagen. Bis es aber so weit ist, können 25 bis 30 Jahre vergehen. Dies ist nämlich die Lebensdauer von modernen Photovoltaikanlagen.

Nun haben wir uns ausführlich mit der negativen Seite der Bilanz beschäftigt. Wie sieht es aber auf der anderen Seite aus? Da auch hier verschiedene Faktoren den Ertrag einer PV-Anlage beeinflussen, gibt es keinen einheitlichen und genauen Wert, ab wann eine PV-Anlage mehr Energie produziert, als für die Herstellung aufgewendet wurde. Diese energetische Amortisationszeit hängt nämlich unter anderem von den Modulen, dem Standort, der Sonneneinstrahlung und der Größe ab. In Süddeutschland liegt die Amortisationszeit schon bei ca. 8 Monaten.

Selbst bei ungünstigen Bedingungen produziert eine PV-Anlage in der Regel nach zwei Jahren mehr Strom, als bei der Herstellung verbraucht wurde. In diesem Zusammenhang wird oft noch eine weitere Kennziffer ermittelt, der Erntefaktor (Energy Returned on Energy Invested, EroEI oder EROI). Diese Kennzahl gibt an, wie oft eine PV-Anlage während ihres Lebenszyklus die eingesetzte Energie wieder produziert oder an anderer Stelle einspart. Denn wo Solarstrom verwendet wird, müssen keine fossilen Energieträger eingesetzt werden. Diese Substitutionsfaktoren werden mit einer Simulation des europäischen Strommarktes ermittelt. Laut Umweltbundesamt ersetzt Solarstrom ca. 49 % Steinkohle, 33 % Gas, 18 % Braunkohle und 0,5 % Kernenergie. Geht man von einer Lebensdauer von ca. 25 bis 30 Jahren aus, erreicht nach neuesten Berichten der Erntefaktor einen Wert von 11 bis 18. Vereinfacht gesagt produziert eine PV-Anlage das 11-bis 18-Fache an Energie, welche bei der Herstellung verwendet wurde.

Zieht man jetzt einen Strich unter die Ökobilanz, wird ganz klar deutlich, wie effektiv und umweltfreundlich Solarstrom ist, und durch den technischen Fortschritt wird sich dieses Ergebnis sogar weiter verbessern.

Grundsätzliches

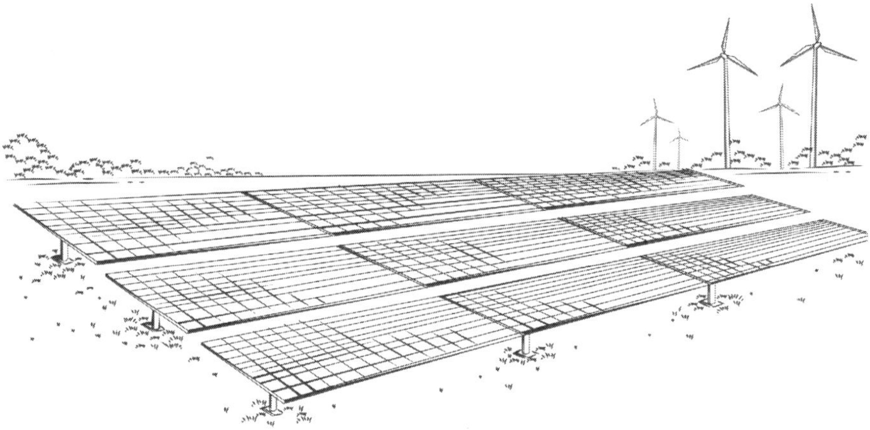

Prinzipiell eignet sich erst einmal so gut wie jedes Dach beziehungsweise jede freie Dachfläche für die Installation einer PV-Anlage. Die Flächen sind sowieso schon da und werden meistens nicht oder nur teilweise für etwas anderes genutzt. Einschränkungen sind nur dort gegeben, wo sich durch Dachaufbauten (Kamin, Gaube, Dachvorsprünge) oder in der Nähe befindlichen hohen Bewuchs Verschattungen ergeben. Ist die Dachfläche von der Größe her begrenzt und treten zudem Teilverschattungen auf, kann durch technische Ergänzungen, wie Ertragsoptimierer, die Ertragssituation verbessert werden. Ein weiterer Vorteil von Dachanlagen ist, dass keine weiteren Flächen in der Natur versiegelt werden.

Aufstellmöglichkeiten

Für die Effizienz einer PV-Anlage ist die Lage ein entscheidender Faktor. Wenn Sie sich für eine sogenannte Aufdachanlage entscheiden, müssen Sie sich das vorhandene Dachdesign anschauen. Haben Sie ein Schrägdach ohne Dachfenster und dazu eine Südausrichtung, sind das die idealen Bedingungen für eine PV-Anlage. Die Module werden meistens parallel zur Dacheindeckung montiert und verringern zusätzlich die Erwärmung des Dachgeschosses durch die Sonneneinstrahlung. Es gibt mittlerweile auch Module, die in das Dach integriert werden können und sogar die Dacheindeckung ersetzen. Dieses System wird auch gebäudeintegrierte Photovoltaik genannt. Im Vergleich zu einer Aufdachanlage ist sie jedoch teurer und bietet ca. 5 % weniger Leistung.

Auch die weniger verbreiteten Flachdächer können zur Stromerzeugung genutzt werden. Der Vorteil hierbei ist, dass sowohl die Neigung der Module als auch die Ausrichtung optimal gewählt werden können.

Da die Module inkl. Montagesystem ein zusätzliches Gewicht von bis zu 20 kg/m² mitbringen können, sollte vor der Montage eine Prüfung der Statik der Dachkonstruktion, bei der auch die Wind- und Schneelasten berücksichtigt werden, erfolgen. In der Praxis wird dieser Schritt leider oft übersprungen. Auf den Rat eines fachkundigen Handwerkers sollten Sie daher eher nicht verzichten. Eine weitere Möglichkeit, die Gebäudehülle zu nutzen, ist, die Module als Fassadenelemente einzubauen oder als Vordächer zu nutzen. Diese Technik gehört auch zum Bestandteil einer gebäudeintegrierten Photovoltaik.

Wohnen Sie zur Miete und haben kein eigenes Dach, möchten aber trotzdem Solarstrom nutzen oder eine PV-Anlage betreiben? Auch dafür gibt es verschiedene Möglichkeiten. Um die eigenen Stromkosten zu reduzieren, eignen sich hervorragend die Balkon-PV-Anlagen. Sie bestehen meistens aus einem Modul, es können aber auch mehrere Module sein, und einem Micro-Wechselrichter, der den Solarstrom direkt in das Hausstromnetz einspeist. Sogar eine Kombination mit einer Batterie ist möglich. Aufgrund der Größe werden diese Anlagen auch PV-Zwerge oder PV-Guerilla-Anlagen genannt. Diejenigen, die Geld mit Solarstrom verdienen möchten, können eine sogenannte Betreibergesellschaft gründen, alleine oder mit mehreren, und passende Dachflächen anmieten. Dazu eignen sich die kommunalen Gebäude sehr gut. Wenn Sie diesen Schritt in Erwägung ziehen, sollten Sie unbedingt weitere Informationen einholen, z. B. über Versicherung, steuerliche Aspekte und evtl. Eintragungen im Grundbuch.

Wem das nicht ausreicht, kann auch über den Betrieb einer PV-Anlage auf einer Freifläche nachdenken. Die Vorteile solcher Anlagen sind die optimale Ausrichtungsmöglichkeit, die relativ einfache Montage und sie sind sehr wartungsfreundlich. Es gibt allerdings auch Interessengruppen, die gegen solche Anlagen sind, weil dadurch unter anderem Flächen versiegelt werden und das Landschaftsbild „verunstaltet“ wird. Deshalb sollten nur Orte, die entweder gar nicht oder nur erschwert anderweitig genutzt werden können, für Freiflächenanlagen gewählt werden, zum Beispiel ehemalige Truppenübungsplätze oder anders belastete Flächen.

Vor- und Nachteile der Flächennutzung für Photovoltaikanlagen

	Pro	Kontra
Schräg-dach	- Fläche schon vorhanden - Aufwertung der Immobilie - Optimierung der Energie-versorgung	- Ertrag abhängig von Nei-gung und Ausrichtung - statische Tragfähigkeit not-wendig
Flachdach	- optimale Neigung und Aus-richtung	- aufwendige Montage - statische Tragfähigkeit not-wendig
Gebäude-integrierte Technik	- vielfältige optische Gestal-tung - Doppelfunktion der Mo-dule - zusätzlicher Wärme-Schall-schutz - evtl. Kosteneinsparung des Gebäudehüllenmaterials	- bei Fassadenmodulen ca. 30 % weniger Ertrag - aufwendige Montage - Kosten
Freiflä-chen	- optimale Neigung und Aus-richtung - Kostendegression bei Groß-anlagen	- aufwendige Genehmi-gungsverfahren - geringe Einspeisevergü-tung - Landschaftsbild

Neben den bekannten und weit verbreitet genutzten Flächen auf dem Dach gibt es noch weitere interessante, effiziente Möglichkeiten, Solarstrom zu produzieren. Als Erstes wäre da der **Solarzaun** anzuführen.

Bei einem Photovoltaikzaun werden die Solarmodule senkrecht aufgestellt und dienen nicht nur zur Grundstücksbegrenzung, sondern bieten zusätzlich Sicht-, Lärm- oder auch Windschutz. Der Aufbau ist dabei mit den Aufdachanlagen identisch. Die verbauten Module produzieren ebenso Gleichstrom, welcher mit Hilfe eines Wechselrichters in Wechselstrom umgewandelt werden muss. Die Kabel werden meistens gut versteckt und verlaufen geschützt in den Zaunpfosten. Verschiedene Hersteller bieten Zaunhöhen von etwa 1,1 bis 2 Meter. Die Module können dabei entweder senkrecht oder hochkant aufgestellt werden. Besonders gut eignen sich sogenannte Glas-Glas-Module, weil sie sehr widerstandsfähig sind und im Gegensatz zu Glas-Folien-Modulen von beiden Seiten vor Witterung und anderen Einflüssen geschützt sind.

Wie bei der Photovoltaikanlage auf dem Dach spielt die Ausrichtung des Solarzauns für die Effizienz ebenfalls eine sehr wichtige Rolle. Sehr gut geeignet ist hier eine Südausrichtung des Zauns, da die Mittagssonne meistens viel Energie liefert. Noch effektiver ist aber eine Ost-West-Ausrichtung in Verbindung mit bifazialen Solarmodulen.

Bifaziale Module: Bifaziale Solarmodule sind eine spezielle Art von Photovoltaikmodulen, die auf beiden Seiten Licht absorbieren und in elektrische Energie umwandeln können. Im Gegensatz zu herkömmlichen monofazialen Solarmodulen können bifaziale Solarmodule das reflektierte Licht von der Umgebung oder von der Unterseite des Moduls nutzen. Bifaziale Solarmodule haben auf beiden Seiten aktive Solarzellen, die entweder aus monokristallinem, polykristallinem oder amorphem Silizium bestehen können. Sie eignen sich besonders gut für Installationen mit hohem Reflexionsgrad, wie z. B. auf Schnee oder Wasser. Die Installation erfordert spezielle Montagesysteme, die eine optimale Ausrichtung und Neigung ermöglichen, um das reflektierte Licht effektiv zu nutzen.

Mit diesen speziellen Modulen wird das einfallende Licht sowohl morgens als auch abends in elektrische Energie umgewandelt. Damit sind Solarzäune eine sinnvolle Ergänzung zu einer Aufdachanlage. Sie können aber, je nach Ausrichtung und Standort, auch als eine eigenständige Anlage ausreichend Ertrag bringen. Im Vergleich sieht das Ganze etwa so aus: Produziert eine PV-Anlage auf dem Dach im Jahr pro kWp Leistung um die 900 bis 1.100 kWh Strom, bringt es ein Solarzaun nur auf etwa 600 bis 750 kWh.

Ein weiterer Faktor ist die Verschattung. Durch parkende Autos, Nachbargebäude oder Bepflanzung ist ein Zaunmodul natürlich stärker betroffen als ein Modul auf dem Dach. Aus diesem Grund sollten die Module parallel zueinander geschaltet werden, um bei Verschattung eines Moduls nicht die Leistung eines ganzen Zaunelements zu reduzieren. Die Kosten liegen noch deutlich über denen einer Aufdachanlage, wenn Sie sich aber dafür einen Gabionenzaun sparen, ist es nicht nur eine gute Investition in saubere Energie, sondern mit Sicherheit auch ein Hingucker in der Nachbarschaft.

Bei der Aufstellung sollten Sie die gleichen Sicherheitsvorkehrungen beachten wie bei einer Aufdachanlage und sich im Vorfeld erkundigen, ob eine Baugenehmigung in Ihrer Gemeinde benötigt wird.

Gabionenzaun: Ein Gabionenzaun besteht meistens aus Drahtkörben, die mit Steinen oder anderen Materialien gefüllt sind. Diese Drahtkörbe werden üblicherweise aus verzinktem Stahl hergestellt und kommen in verschiedenen Formen und Größen vor. Gabionenzäune werden oft für Landschaftsgestaltungszwecke verwendet, da sie eine ästhetisch ansprechende und gleichzeitig robuste Lösung bieten. Sie können auch als Lärmschutz- oder Sichtschutzwände eingesetzt werden.

Die zweite Variante sind **Solar-Pflastersteine**.

Diese Möglichkeit existiert erst seit wenigen Jahren und wurde in Ungarn entwickelt. Damit, laut Hersteller, Fahrzeuge mit bis zu 8 Tonnen Gewicht darauf fahren können, sind die Solarzellen durch ein 10 mm dickes und gehärtetes Opalglas geschützt. Der Rahmen besteht aus einem recycelten Polymerverbundstoff.

Polymerverbundstoff: Ein Polymerverbundstoff ist ein Material, das aus mindestens zwei verschiedenen Komponenten besteht: einem Polymer (Kunststoff) und einem Verstärkungsstoff. Polymerverbundstoffe werden häufig verwendet, um Materialien mit verbesserten mechanischen, thermischen oder chemischen Eigenschaften herzustellen. Durch die Kombination von Polymeren mit Verstärkungsstoffen können Verbundwerkstoffe mit hoher Festigkeit, Steifigkeit, Haltbarkeit und/oder Leichtigkeit angefertigt werden. Beispiele für Polymerverbundstoffe sind glasfaserverstärkte Kunststoffe (GFK).

Im Inneren befinden sich 4 monokristalline Zellen mit einer Leistung von 21,5 Watt und einem Wirkungsgrad von 21,8 %. Für den Betrieb benötigen Sie die gleichen Bestandteile wie bei einer „normalen" PV-Anlage. Die Photovoltaik-Pflastersteine sind ideal für Gehwege, Terrassen, Einfahrten oder Radwege.

Neben diesen auch im privaten Bereich gut umsetzbaren PV-Anlagen gibt es noch eine Reihe weiterer Möglichkeiten zum Einsatz von Solarmodulen. Diese werden hier nur vollständigkeitshalber erwähnt, um die Entwicklung und den Erfindergeist in diesem Bereich hervorzuheben.

- **Smartflower:** Diese Anlage richtet sich automatisch im 90°-Winkel zur Sonne aus und widerlegt nicht nur die These, dass PV-Anlagen die Landschaft verunstalten, sondern sie hat auch einen Effizienzvorteil gegenüber den üblichen Freiflächenanlagen.

- **Schwimmende Photovoltaikanlagen:** Diese Solargeneratoren sind in Deutschland noch sehr selten, könnten aber auf vielen stehenden Gewässern aufgestellt werden, um durch den Einsatz von bifazialen Modulen die Reflexion des Wassers zusätzlich für die Stromproduktion zu nutzen.

Autobahnüberdachung: **In der Schweiz sind bereits 1.300 bis 1.500 km der Autobahn mit** Solarmodulen überdacht. Die Regierung dort prüft die Möglichkeit, weitere Autobahnabschnitte mit Solarmodulen zu überdachen.

Bahngleise: Um bereits versiegelte Flächen sinnvoll zu nutzen, werden Solarmodule, die zwischen den Gleisen verlegt werden, getestet.

Solarbogen: Dass Photovoltaik im Agrarbereich genutzt wird, ist nicht neu, die Bogenform ist es aber schon. Hierbei wird das Montagesystem bodenschonend mit Rammpfosten befestigt und die Bögen werden einfach draufgeschoben.

Standortbedingungen

Haben Sie eine mögliche Fläche gefunden, auf der eine PV-Anlage betrieben werden kann, muss im nächsten Schritt der Standort genau betrachtet werden und die Faktoren, die Einfluss auf die Effizienz der Anlage haben, müssen geprüft werden.

Als Erstes schauen Sie sich die Globalstrahlung an. Wie am Anfang schon kennengelernt, ist die Globalstrahlung der Teil der Solarstrahlung, der Ihnen tatsächlich für die Stromproduktion zur Verfügung steht. Die beste Fläche nützt da nichts, wenn der Standort generell eine sehr geringe Globalstrahlung hat. Die durchschnittliche Globalstrahlung beträgt in Deutschland zwar ca. 1.050 kWh/m^2 und reicht somit in der Regel aus, um eine PV-Anlage wirtschaftlich zu betreiben, je nach Region kann der Wert aber in Norddeutschland auch unter die Marke von 950 kWh/m^2 fallen oder in Süddeutschland auch auf über 1.200 kWh/m^2 steigen. Somit können bei der gleichen Anlage die Erträge aufgrund des Standortes um die 20 % schwanken, was die

Amortisationszeit stark beeinflussen kann. Entsprechende Wetterkarten gibt es beim Deutschen Wetterdienst oder Sie beachten kostenlose Berechnungen des PVGIS.

PVGIS: https://pvgis.com/

Der zweite wichtige Faktor, zumindest bei einer Aufdachanlage, ist die Dachneigung. Diese baulichen Gegebenheiten können in der Regel nicht ohne größeren Aufwand verändert werden, spielen aber bei dem Ertrag einer PV-Anlage eine wichtige Rolle, da er am größten ist, wenn die Sonnenstrahlung in einem Winkel von 90° auf die Module trifft. Dieser optimale Zustand existiert allerdings aufgrund der Erdrotation nur kurz und verändert sich somit im Tages- und Jahresverlauf ständig. Zwar gibt es die Möglichkeit, zumindest bei Flachdach- oder Freiflächenmodulen mit einem sogenannten Nachführungssystem zu arbeiten, die höheren Kosten lohnen sich in unseren Breitengraden meistens aber nicht. Deshalb versucht man, einen Winkel zu finden, der im Jahresverlauf den meisten Ertrag bringt. In diesem Zusammenhang müssen Sie zwei weitere Größen ermitteln, erstens die Dachneigung und zweitens die Dachausrichtung. Die optimale Dachneigung liegt hier bei 30° bis 35° und die optimale Dachausrichtung bei 0° Süd Azimutwinkel, in den Bauunterlagen auch oft mit 180° angegeben.

Azimutwinkel: Der Azimutwinkel wird oft in der Navigation und Kartografie verwendet, um die Richtung oder Position eines Objekts relativ zu einem Beobachter zu beschreiben. In einfacheren Worten ausgedrückt, ist der Azimutwinkel der Winkel, der von Norden aus gemessen wird, um ein Objekt zu finden. Stellen Sie sich vor, Sie stehen an einem Punkt und schauen in eine bestimmte Richtung. Der Azimutwinkel misst dann den Winkel zwischen dieser Richtung und dem Norden, wenn Sie sich im Uhrzeigersinn drehen. In der Regel wird er in Grad gemessen, wobei 0° oft nach Norden zeigt und der Winkel im Uhrzeigersinn bis 360° zunimmt. Also: Wenn jemand sagt, „Das Objekt hat einen Azimutwinkel von 45 Grad", bedeutet das, dass man, wenn man sich nach Norden ausrichtet und dann um 45 Grad nach rechts dreht, das Objekt sehen würde.

Falls Ihr Dach nicht die optimale Ausrichtung bietet, muss es noch nicht das Ende des Vorhabens bedeuten, denn selbst eine Abweichung der Dachneigung um bis zu 20° und eine Abweichung der Dachausrichtung um 45°, also Südost oder Südwest, bringen nur einen maximalen Ertragsverlust von 10 %. Selbst bei einer direkten Ost- oder Westausrichtung können Sie die Ertragsminderung von ca. 20 % durch eine größere Fläche wieder ausgleichen, wenn Sie z. B. beide Dachflächen nach Ost und West mit Modulen ausstatten.

Der letzte Faktor ist die Verschattung. Er wird oft unterschätzt, da nicht bedacht wird, dass bei einer Verschattung der Module ein ganzer String (in Reihe geschaltete Module) in der Leistung beeinträchtigt wird. Auch andere Dachbauten, wie Antennen, Satellitenschüsseln, Kamine u. Ä., sollten berücksichtigt werden, ebenso mögliche Verschattungen in der Zukunft. Jetzt kleine Bäume zum Beispiel wachsen schnell und können erst in einigen Jahren die Sonneneinstrahlung behindern. Außerdem ist eine ganzjährige Betrachtung wichtig. Selbst weit entfernte Hügel oder Gebäude können im Winter, bei tiefer stehender Sonne, die Einstrahlung verhindern. Individuell kann eine Verschattungsanalyse sinnvoll sein.

Und hier das Wichtigste für Sie zusammengefasst:
Globalstrahlung ist in Deutschland im Durchschnitt 1.050 kWh/m², Norddeutschland < 950 kWh/m², Süddeutschland > 1.200 kWh/m²

Dachneigung: der optimale Neigungswinkel liegt zwischen 30° und 35°; in Norddeutschland eher steiler; in Süddeutschland eher flacher

Dachausrichtung: die optimale Ausrichtung ist 0° Richtung Süden, Verluste betragen unter 5 % bei Südost-/Südwest-Ausrichtung, Verluste von ca. 20 % bei Ost-/West-Ausrichtung einplanen

Verschattungen auch für verschiedene Tages- und Jahreszeiten beachten; im Zweifelsfall eine Verschattungsanalyse durchführen

Konzeption

Eine der Unterscheidungen von Photovoltaikanlagen wird danach vorgenommen, ob sie an das öffentliche Stromnetz angeschlossen sind und dadurch der produzierte oder nur der überschüssige Solarstrom eingespeist werden kann oder ob sie unabhängig vom öffentlichen Netz betrieben werden können. Solche Photovoltaikanlagen werden Inselanlagen genannt.

- **Inselanlage**

Eine Inselanlage, auch Off-Grid oder Solar-Home-System genannt, wird dort installiert, wo entweder kein öffentliches Stromnetz existiert oder wo dieses nur schwer erreichbar und der Anschluss dadurch sehr teuer ist. Mit einer solchen Anlage wird eine komplett autarke Stromversorgung beabsichtigt. Je nach Strombedarf werden sie oft mit zusätzlichen Stromgeneratoren, z. B. Windkraft- oder auch Dieselgeneratoren, genutzt, da das Angebot an Solarstrom nicht immer zeitlich mit dem Strombedarf übereinstimmt. Gerade abends wird durch Beleuchtung Energie benötigt, die nicht direkt durch eine PV-Anlage erzeugt werden kann. Das Problem kann jedoch meistens mit einem Batteriespeicher gelöst werden. Off-Grid-Anlagen werden häufig in Ferienhäusern, Berghütten und anderen entlegenen Orten installiert, aber auch auf Booten und Wohnmobilen finden Sie solche Systeme. Sie müssen zusätzlich einen Stromspeicher beinhalten, da extern keine Stromquelle verfügbar ist. Es ist meistens eine Bleibatterie, da sie für einen autarken Betrieb besonders gut geeignet ist, eine hohe Anzahl an Ladevorgängen ermöglicht und außerdem sehr robust ist. Um die Lebenszeit der Batterie zu erhöhen, benötigen Sie einen Laderegler, der eine Tiefenentladung verhindert und die Batterie vor Überladungen schützt. Werden Geräte mit Wechselstrom an das private Stromnetz angeschlossen, benötigen Sie zusätzlich einen Insel-Wechselrichter dafür.

- **Berechnung der Anlagengröße und der benötigten Batteriegröße**

Um eine Inselanlage optimal zu nutzen, müssen Sie nicht nur den gesamten Strombedarf ermitteln, sondern auch die Zeiten des Verbrauchs kennen und ggf. steuern. Da der überschüssige Strom nicht in das öffentliche Netz eingespeist werden kann, sollten die Produktion und der Verbrauch möglichst gut aufeinander abgestimmt werden. Dabei gehen Sie am besten wie folgt vor:

1. Ermittlung des Stromverbrauchs

Soll ein bestehendes Objekt autark werden, können Sie alte Stromabrechnungen dafür verwenden oder Sie lesen den Stromzähler regelmäßig ab und rechnen den Verbrauch hoch. Je genauer das Ergebnis ist, desto effektiver wird die Anlage. Planen Sie ein neues Projekt, wird es etwas umfangreicher. Am besten listen Sie alle Geräte, die Strom benötigen, mit ihrem Wattverbrauch auf und schätzen die tägliche oder wöchentliche Betriebszeit in

Stunden ab. Die beiden Größen miteinander multipliziert ergibt den Verbrauch pro Gerät in Wattstunden. Nun rechnen Sie den Bedarf auf ein Jahr hoch. Um Leitungs- und Ladeverluste auszugleichen, sollte der errechnete Bedarf um 10 bis 15 % erhöht werden.

2. Bestimmung der Leistung der PV-Anlage in Watt-Peak

Watt-Peak: Watt-Peak (Wp) ist eine Maßeinheit, die in der Photovoltaik verwendet wird, um die Leistungsfähigkeit von Solaranlagen zu beschreiben. Die Zahl drückt die maximale Leistung, die eine Solarzelle oder ein Solarmodul unter standardisierten Testbedingungen erzeugen kann, aus. Diese Bedingungen gelten bei einer Bestrahlungsstärke von 1000 Watt pro Quadratmeter, einer Solarzellentemperatur von 25 Grad Celsius und einem spektral normierten Sonnenspektrum. Je höher der Wert in Watt-Peak ist, desto mehr Energie kann das Solarmodul oder die Solaranlage unter optimalen Bedingungen produzieren. Watt-Peak wird oft verwendet, um die Nennleistung von Solarmodulen anzugeben, und dient als Referenzwert für die Leistungsberechnung von Solaranlagen.

Bei dieser Berechnung erhalten wir nur einen groben Wert. Da die Leistung der Anlage, wie bereits erwähnt, von verschiedenen Faktoren abhängt, gehen wir von einer durchschnittlichen Bestrahlungsstärke von 1.000 W/m² aus. Nun nehmen Sie den aus dem Punkt 1 ermittelten Jahresstrombedarf in Wattstunden (Wh) und teilen ihn durch 1.000. Als Ergebnis erhalten Sie die Leistung der benötigten Anlage in Kilowatt-Peak (kWp).

Beispiel: Sie benötigen im Jahr 3.500 Wattstunden (Wh). Plus 15 % Puffer sind es dann 4.025 Wh. Geteilt durch 1.000, benötigen Sie eine Anlage mit 4,025 kWp.

- **Berechnung der Anlagengröße für eine netzgekoppelte Photovoltaikanlage**

Da die Einspeisevergütung in den letzten Jahren massiv gesunken ist, ist auch bei netzgekoppelten Photovoltaikanlagen die Berechnung der Anlagengröße sehr ähnlich zu jener der Inselanlagen. Es wird nicht mehr die maximal verfügbare Fläche ausgenutzt, sondern der Eigenverbrauch und der gewünschte Autarkiegrad stehen nun mehr im Vordergrund.

Autarkiegrad: Der Autarkiegrad bei einer Photovoltaikanlage ist der Anteil des eigenen Stromverbrauchs, der durch die Photovoltaikanlage selbst erzeugt wird. Ein hoher Autarkiegrad drückt aus, dass der größte Teil des benötigten Stroms direkt von der eigenen Anlage und unabhängig vom öffentlichen Stromnetz erzeugt wird. Der Autarkiegrad kann durch verschiedene Maßnahmen wie die optimale Auslegung der Solaranlage, die Speicherung von überschüssigem Solarstrom in Batterien und den intelligenten Einsatz von Verbrauchern maximiert werden. Ein hoher Autarkiegrad trägt dazu bei, die Abhängigkeit von externen Energiequellen zu reduzieren und die Stromkosten zu senken.

- **Netzgekoppelte Photovoltaikanlagen**

Diese Art der Photovoltaikanlagen stellt den größten Anteil dar und bietet zusätzlich die Möglichkeit, den überschüssigen Strom in das öffentliche Netz einzuspeisen und ggf. dafür eine Vergütung zu bekommen. Wie auch die Inselanlagen bestehen sie aus den Solarmodulen, dem Montagesystem, der Verkabelung, dem Generatoranschlusskasten sowie dem Wechselrichter und haben zusätzlich einen Zwei-Richtungs-Zähler (Einspeise- und Strombezugszähler). Eine ausführliche Beschreibung dieser Komponenten finden Sie weiter hinten in diesem Buch.

AUSLEGUNG

Nachdem die grundsätzlichen Punkte geklärt wurden und Sie sich über die Art und Weise der PV-Anlage Gedanken gemacht haben, geht es nun um die Feinplanung und das Einholen von Angeboten. Um die Vergleichbarkeit zu gewährleisten, sollten Sie als Erstes die Auslegung ihrer Anlage bestimmen, damit die angebotenen Anlagen so identisch wie möglich sind. Dabei müssen zwei Bereiche genauer betrachtet werden.

- **Verfügbare Dachfläche**

Handelt es sich um eine Aufdachanlage, müssen natürlich vorab die mögliche Lage und die verfügbare Montagefläche ermittelt werden. Am einfachsten geht dies über vorhandene Baupläne oder Bauzeichnungen. Leider sind die Angaben dort oft nicht sehr genau oder, gerade bei älteren Objekten, sie fehlen komplett. Deshalb empfiehlt sich eine genaue Ausmessung vor Ort. Ist der Zugang zum Dach nicht möglich oder nur schwer erreichbar, besteht die Möglichkeit, mittels Lasertechnik die Fläche zu vermessen. Diese Geräte kann man ausleihen oder Sie beauftragen dafür direkt einen Solarteur.

Solarteur: Ein Solarteur ist ein Fachmann, der sich auf die Installation, Wartung und Reparatur von Solaranlagen spezialisiert hat. Solarteure sind in der Regel ausgebildete Elektriker, Elektroinstallateure oder Solartechniker, die über das notwendige Know-how und die Erfahrung verfügen, um Photovoltaikanlagen fachgerecht zu installieren und zu betreuen. Die Aufgaben eines Solarteurs umfassen unter anderem die Planung und Dimensionierung von Solaranlagen, die Befestigung der Solarmodule auf dem Dach, einer Freifläche oder an anderen geeigneten Plätzen, die Installation von Wechselrichtern und Speichersystemen sowie die Inbetriebnahme und Überwachung der Anlage. Darüber hinaus können Solarteure auch für die Wartung und Reparatur von Solaranlagen zuständig sein, um deren reibungslosen Betrieb sicherzustellen. Solarteure übernehmen eine wichtige Aufgabe bei der Förderung der Solarenergie und der Umsetzung von nachhaltigen Energielösungen. Sie tragen dazu bei, den Ausbau erneuerbarer Energien voranzutreiben, und helfen Privatpersonen, Unternehmen und öffentlichen Einrichtungen, sauberen Strom aus Sonnenenergie effizient zu nutzen.

Steht die Fläche fest, müssen nun nur noch die Bereiche abgezogen werden, an denen die Montage nicht möglich ist, zum Beispiel Fenster, Gauben, Antennen usw., und an denen die Verschattung sehr hoch ist. Außerdem muss ein gewisser Abstand vom Dachrand eingehalten werden. Dabei spielt auch die Windbelastung vor Ort eine Rolle. Bei Flachdächern muss zusätzlich durch die Aufstellung der Module die dadurch erzeugte Verschattung berücksichtigt werden. Dadurch entspricht die Dachfläche nicht gleich der möglichen Modulfläche. Wenn Sie die Berechnung bei einem Flachdach selbst durchführen möchten, nutzen Sie das folgende Rechenbeispiel.

Um bei der Aufstellung den Abstand zwischen den Modulen zu berechnen, benötigen Sie die **Länge (L)** Ihrer Module und den **Neigungswinkel (α)**, in welchem diese aufgestellt werden. Dann kann die **Höhe (H)** des Moduls berechnet werden:

$$L \times \sin(\alpha) = H$$

Der benötigte **Reihenabstand (RA)** beträgt ca. das Dreifache der Modulhöhe (H):

$$3 \times H = RA$$

Ein **Beispiel**: Sie haben Module mit einer Länge von 172 Zentimetern und stellen diese in einem Winkel von 30 Grad auf. Daraus ergibt sich eine Modulhöhe von etwa 86 Zentimetern:

$$172\ \text{cm} \times \sin(30) = 86\ \text{cm}$$

Das Dreifache der Höhe ergibt einen benötigten Reihenabstand von 258 Zentimetern.

3 × 86 cm = 258 cm

Zwischen den Modulreihen müssen Sie demnach ungefähr zweieinhalb Meter Platz lassen. Mit diesem Ergebnis können Sie die mögliche Anzahl der Reihen und danach die maximale Stückzahl der Module berechnen.

- **Wirtschaftlichkeit**

Steht die maximal verfügbare Fläche fest, können Sie nun leicht die Größe der Anlage und die Anzahl der Module berechnen. Dabei müssen die gegebene Größe der Module und die dadurch automatisch entstehenden freien Flächen auf dem Dach berücksichtigt werden. Der daraus erzeugte Strom hängt aber auch noch von der Qualität und der Art der Module ab. Je nach Neigungswinkel und Ausrichtung benötigen monokristalline Module ungefähr fünf bis sieben Quadratmeter und polykristalline Module schon ca. sechs bis acht Quadratmeter Montagefläche pro Kilowatt-Peak. Ob die maximale Größe der Fläche aber benötigt wird oder nicht, hängt vom individuellen Stromverbrauch ab. Da die Einspeisevergütung bei Anlagen unter 10 kW, Stand März 2024, nur 8,11 Cent/kWh beträgt und damit nur ca. ein Viertel des aktuellen Strompreises, steht der Eigenverbrauch des erzeugten Stroms im Vordergrund und nicht die mögliche Einspeisung. Und so sieht das Ganze rechnerisch aus: Liegt der Stromverbrauch bei 3.000 kWh pro Jahr, kann der Bedarf durch eine PV-Anlage mit drei bis vier kWp gedeckt werden. Dabei muss allerdings berücksichtigt werden, dass der Strombedarf zeitlich nicht immer mit der Stromerzeugung übereinstimmt und dadurch der Anteil des direkt verwendeten Stromes nur ca. 30 % im Jahr beträgt. Durch den zusätzlichen Einsatz eines Batteriespeichers kann der Anteil aber im Schnitt auf 70 bis 80 % erhöht werden. Bei Einsatz von smarter Technik und entsprechender Dimensionierung der Anlage ist aber auch eine komplette Autarkie möglich. Allerdings geht es dann zu Lasten der Wirtschaftlichkeit.

Wie Sie sehen, hat nicht nur die Auslegung einen starken Einfluss auf die Wirtschaftlichkeit ihrer PV-Anlage, sondern auch der eigene Stromverbrauch und die Zusammensetzung der Anlage. Das Fazit ist: Je besser Sie Ihren Stromverbrauch, noch besser den monatlichen Strombedarf, kennen, umso genauer kann die Auslegung der Anlage erfolgen und damit die Wirtschaftlichkeit optimiert werden. Stehen Ihnen diese Daten nicht zur Verfügung, können auch Simulationsprogramme im Internet zu Hilfe genommen werden. Solche finden Sie zum Beispiel unter www.solarserver.de oder www.photovoltaik.org.

Simulationsprogramme

Photovoltaik vs. Solar

Spätestens an dieser Stelle kann sich noch eine weitere Frage stellen: Photovoltaik oder Solar?

Beide Begriffe werden häufig miteinander verwechselt, denn beide Anlagen nutzen die Sonnenenergie, um auf der einen Seite elektrischen Strom (Photovoltaik) zu produzieren und auf der anderen Seite Wärme (Solarthermie) zu gewinnen. Der Aufbau einer solarthermischen Anlage ist etwas einfacher als bei einer Photovoltaikanlage. Hier wird eine Wärmeträgerflüssigkeit in den Wärmekollektoren erwärmt und mittels einer Pumpe durch Leitungen zu einem Wärmetauscher gepumpt.

Das dort enthaltene kalte Wasser wird durch die warmen Leitungen erwärmt und die abgekühlte Wärmeträgerflüssigkeit wird wieder in die Wärme-kollektoren gepumpt, um sich dort wieder zu erwärmen. Das erhitzte Wasser kann sowohl für die Heizung als auch für das Warmwasser genutzt werden. Da aber die vorhandene Fläche nur einmal mit einem Solarmodul belegt werden kann, müssen Sie die Entscheidung treffen, welches der beiden Systeme Sie nutzen möchten. Das kann natürlich individuell unterschiedlich sinnvoll sein und hängt von den Investitionskosten und dem persönlichen Nutzungsverhalten ab. In den meisten Fällen wird sich die Photovoltaikanlage durchsetzen. Strom lässt sich im Haushalt vielseitiger einsetzen. Sie können ihn direkt verbrauchen, zwischenspeichern oder den überschüssigen Teil ins öffentliche Netz einspeisen. Mit Strom können Sie Ihr E-Auto laden und letztendlich auch mittels einer Wärmepumpe heizen und zur Warmwasseraufbereitung nutzen. Dadurch amortisiert sich eine PV-Anlage in der Regel schneller als eine solarthermische Anlage.

Rechtliches

Ist die Entscheidung für den Betrieb einer PV-Anlage gefallen, sollten einige rechtliche Aspekte berücksichtigt werden.

Alle baulichen Anlagen, zu denen auch PV-Anlagen gehören, unterliegen dem Baurecht. In den meisten Bundesländern ist eine Baugenehmigung für Aufdachanlagen nicht notwendig, dennoch sollten Sie sich bei Ihrer zuständigen Behörde informieren, ob eine Genehmigung notwendig ist oder nicht. In allen Fällen müssen die baurechtlichen Vorschriften aber eingehalten und die örtlichen Bebauungspläne beachtet werden. Insbesondere die Abstände zum Nachbarn sind wichtig. Dabei sollten Sie auch die mögliche Blendwirkung berücksichtigen, um unnötige Konflikte zu vermeiden.

Genehmigungsfrei können auch Freiflächenanlagen sein, jedoch nur bis zu einer Größe von neun Metern Länge und drei Metern Höhe. Größere Anlagen müssen genehmigt werden, genauso wie PV-Anlagen auf denkmalgeschützten Gebäuden oder als Verglasung im Überkopfbereich.

Ein weiterer wichtiger Aspekt ist die Anmeldung der Anlage beim Stromnetzbetreiber. Zwar ist er nach dem EEG (Erneuerbare-Energien-Gesetz) dazu verpflichtet, den erzeugten Strom abzunehmen und in das öffentliche Stromnetz einzuspeisen, dies erfordert aber eine vorausgehende Prüfung der Photovoltaikanlage und eine gewisse Kompatibilität mit diesem. Am einfachsten ist es, diesen Part einem Solar-Fachbetrieb zu überlassen, der die Installation und die Anmeldung für Sie übernimmt.

Stromnetzbetreiber: Ein Stromnetzbetreiber ist ein Unternehmen, das für den Betrieb und die Instandhaltung eines Stromnetzes verantwortlich ist. Dies umfasst die Planung, den Bau, den Betrieb und die Wartung von Übertragungs- und Verteilungsnetzen, um eine zuverlässige Stromversorgung sicherzustellen. Sie spielen eine wichtige Rolle bei der Koordination des Stromflusses, der Netzstabilität und der Integration erneuerbarer Energien in das Stromnetz. Alle Netzbetreiber sind im Marktstammdatenregister der Bundesnetzagentur zu finden.

Zum Schluss muss auch die PV-Anlage noch beim Marktstammdatenregister (MaStR) gemeldet werden. Dazu sind Sie sogar als Betreiber nach dem EEG verpflichtet, und das innerhalb eines Monats nach Inbetriebnahme. Dafür ist es mittlerweile auch online unter Marktstammdatenregister möglich, ganz ohne Formulare. Das Nicht-Beachten dieser Meldung kann zu Bußgeldern oder sogar zur Streichung der Einspeisevergütung führen.

Zu Recht stellt sich hier auch die Frage nach der Rechtssicherheit der zwanzigjährigen Bindung der Einspeisevergütung. Nach dem EEG genießen die Betreiber von PV-Anlagen Bestandsschutz bei der Vergütung. Dafür ist nur das Datum der Inbetriebnahme maßgeblich.

Weitere Themen wie die steuerliche Einordnung der Einnahmen aus der Stromproduktion durch die Photovoltaikanlage werden in diesem Buch in den folgenden Kapiteln noch ausführlich dargestellt.

CHECKLISTE „VORAUSSETZUNGEN"

Um die Voraussetzungen für die Errichtung einer Photovoltaikanlage übersichtlich prüfen zu können, finden Sie nachfolgend die wichtigsten Fragen aus den vorhergegangenen Themen in einer Checkliste zusammengefasst.

Aufstellmöglichkeit

☐ Ist ein eigenes Dach vorhanden? Dann haben Sie optimale Voraussetzungen für die Planung und evtl. Finanzierung der Anlage.

☐ Haben Sie alternative Dachflächen? Eventuell schauen Sie sich diesbezüglich in der Familie um oder suchen bei Dachbörsen nach Angeboten. Kommunale Gebäude können eine weitere Möglichkeit sein. Aber Vorsicht: Lassen Sie die Verträge rechtlich von einem Spezialisten prüfen.

☐ Interessieren Sie sich für die Gründung einer Bürgergesellschaft? Entweder geben Sie eine eigene Anzeige auf oder Sie suchen nach solchen bei der Gemeinde, im Internet oder sonstigen Aushängen.

☐ Ist die Statik der Dachkonstruktion geeignet? Bei neueren Schrägdächern ist dies meistens kein Problem, trotzdem sollten Sie das Zusatzgewicht beachten. Bei Flachdächern lassen Sie unbedingt die Windbelastung prüfen.

☐ Steht zeitnah eine Dachsanierung an? Das ist ein guter Zeitpunkt, um über eine gebäudeintegrierte PV-Anlage nachzudenken. Dabei sind die Gesamtkosten zu beachten. Trotz Kostenersparnis durch die Dacheindeckung können sie insgesamt höher ausfallen.

Standortbedingungen

☐ Wie hoch ist die lokale Globalstrahlung? Dies ist die wichtigste Größe für die Ertragsberechnung. Im Vorfeld sollten Sie in jedem Fall die Karten des Deutschen Wetterdienstes beachten.

☐ Wie ist die Dachneigung? Geeignete Dächer haben eine Neigung von 30° bis 50°. Prüfen Sie bei anderen Winkeln, ob die Leistungseinbußen durch eine größere Fläche ausgeglichen werden können.

☐ Wie ist die Ausrichtung? Nach Süden ist sie am besten. Nach Ost und West ist mit ca. 20 % Ertragseinbußen zu rechnen, dafür ist vielleicht mehr Fläche vorhanden.

☐ Bestehen Verschattungen? Nicht nur die aktuelle Situation ist zu betrachten, sondern auch die Sonnenstrahlung im Verlauf der Jahreszeiten und das umliegende Gelände (Berge, Hügel). Das Wachstum der umliegenden Bäume sollte ebenfalls unbedingt berücksichtigt werden.

Konzeption

☐ Möchten Sie autark mit einer Inselanlage sein? Ermitteln Sie möglichst genau den Strombedarf und planen Sie Speicher für mindestens drei Tage Reserve ein.

☐ Möchten Sie die Energiekosten optimieren? Je nach Energieverbrauchsverhalten kann ein Speicher den Eigenverbrauch deutlich erhöhen, genauso wie der Einsatz smarter Elektrogeräte.

Bestimmung der Auslegung

☐ Wie groß ist die verfügbare Fläche? Je genauer die Messung, desto besser die Planung. Dachkonstruktion und Verschattung sind in jedem Fall zu berücksichtigen.

☐ Wie viel Strom brauchen Sie? Langfristige Entwicklungen sollten Sie einplanen (E-Auto, Familienzuwachs).

☐ Ist ein wirtschaftlicher Betrieb möglich? Nutzen Sie Tools im Internet und beziehen Sie Experten für die Berechnung ein.

Rechtliches

☐ Brauchen Sie eine Baugenehmigung? Informieren Sie sich bei der zuständigen Behörde.

☐ Haben Sie die Anlage beim Netzbetreiber angemeldet? Sprechen Sie darüber mit Ihrem Installateur.

☐ Ist die Anlage beim Marktstammdatenregister (MaStR) gemeldet? Wird das nicht vom Installateur übernommen, geht eine Anmeldung online am schnellsten.

Überlegungen vorab: Lohnt es sich?

Die Frage, ob sich etwas lohnt, steht zumeist im Zusammenhang mit einer Bemühung oder Anschaffung und einem zu erwartenden Ergebnis und einer Rentabilität. Die Antwort darauf ist aber keinesfalls allgemeingültig und fällt individuell betrachtet unterschiedlich aus. Ob sich die Anschaffung einer Photovoltaikanlage lohnt? Das lässt sich erst vor dem Hintergrund beantworten, welchen Zweck Sie damit verfolgen – ob Gewinnmaximierung, sichere Kapitalanlage oder eine spätere finanzielle Freiheit oder Flexibilität. Stellt man sich die Ertragsfrage bei der Photovoltaik, bleibt oftmals große Skepsis bestehen, insbesondere in Anbetracht der aktuellen Einspeisevergütung und der Strompreisentwicklung.

Naheliegend ist natürlich auch diese Frage nicht nur aus ökonomischer, sondern auch aus ökologischer Sicht. Die positive Ökobilanz von Photovoltaikanlagen haben Sie bereits kennengelernt. Da der persönliche Beitrag zum Umweltschutz sehr individuell und schwer messbar ist, beschränken wir uns nur auf die wirtschaftliche Betrachtung. Die einzelnen Faktoren werden in den folgenden Ausführungen detailliert beschrieben und sollen Ihnen im Anschluss dabei helfen, die Frage, ob es sich lohnt, zu beantworten.

Anschaffungskosten

Um die Wirtschaftlichkeit von Photovoltaikanlagen zu beurteilen, werden auf der einen Seite die Investitionskosten und auf der anderen Seite die Einsparungen, wie der vermiedene Netzbezug bzw. die Einnahmen durch die Einspeisevergütung, bestimmt. Je nach Art der Anlage und Aufstellungsort können die Anschaffungskosten aus folgenden Komponenten bestehen:

- Solarmodule
- Wechselrichter
- Montagesystem
- Verkabelung
- Montage selbst
- eventuell hinzukommende Planungskosten
- Inbetriebnahme
- Zweirichtungszähler und sonstige Geräte (Datenlogger, Blitzschutz usw.)
- Gerüst
- zusätzliche einmalige und laufende Versicherungen und Garantien

Überblick der Kosten aktuell 02/2024

Schauen wir uns die einzelnen Positionen genauer an.

Die Solarmodule haben aktuell zwar einen Tiefstand erreicht, machen aber immer noch ca. einen Drittel der Gesamtkosten einer Anlage aus. Es gibt verschiedene Möglichkeiten, die Kosten zu überschlagen. Eine Option ist, diese pro Quadratmeter zu berechnen, eine andere, sie pro kWp zu berechnen. Im Durchschnitt kann pro 10 m² Dachfläche mit Ausgaben in Höhe von 800 € gerechnet werden. Durch die unterschiedliche Leistung (300 bis 500 Watt) der Module schwanken die Preise zwischen 570 € und 930 €. Die häufigste Preisberechnung erfolgt jedoch pro kWp. Dadurch ist nicht nur die Berechnung der Wirtschaftlichkeit genauer, sondern diese Methode erleichtert zudem den Preisvergleich. Aber auch hier schwanken die Preise aufgrund unterschiedlicher Leistung der Module zwischen durchschnittlich 460 € bei 300-Watt-Modulen und 305 € bei 500-Watt-Modulen. Für 400-Watt-Module müssen Sie ca. 370 € pro kWp bezahlen. Deutsche Modelle sind zurzeit ca. 28 % teurer als die chinesischen. Für einen besseren Wirkungsgrad der monokristallinen Module muss mit ca. 10 bis 20 % höheren Kosten gerechnet werden.

Um den erzeugten Strom in das öffentliche Stromnetz einspeisen zu können, werden **Wechselrichter** benötigt. Sie machen, je nach Größe der Anlage, ca. 13 % der Gesamtkosten aus. Während der nominelle Preis des Wechselrichters mit der Leistung und der Größe der Photovoltaikanlage steigt, fallen gleichzeitig die Kosten pro kWh – siehe die folgende Tabelle (Stand April 2024):

Leistung PV-Anlage	**Ausgaben pro kWh** (Preisspanne)	**Ausgaben pro kWh** (Durchschnitt)	**Ausgaben Wechselrichter**
1 bis 5 kWp	185 bis 300 €	240 €	720 bis 960 €
5 bis 8 kWp	170 bis 280 €	220 €	1.320 bis 1.540€
8 bis 12 kWp	150 bis 190 €	170 €	1.540 bis 1.700€
12 bis 15 kWp	100 bis 160 €	130 €	1.560 bis 1.690€
15 bis 30 kWp	80 bis 120 €	100 €	2.000 bis 2.500€

Wenn Sie die Kosten für die gesamte Nutzungsdauer Ihrer Anlage berechnen möchten, müssen Sie die Kosten für Wechselrichter mindestens verdoppeln, da die Lebensdauer eines Wechselrichters 10 bis max. 20 Jahre beträgt und sich ein Austausch somit kaum vermeiden lässt.

Für die **Kabel** können Sie je nach Menge und Querschnitt ca. 1 € bis 5 € pro Meter berechnen. Hier sollten Sie nicht am falschen Ende sparen. Die Suche nach einem möglichen Kabelbruch bei einem minderwertigen Kabel könnte definitiv teuer und aufwendig werden.

Auch bei dem **Montagesystem** haben viele Faktoren Einfluss auf den Preis, die Dachart, Solarmodule, Schneelast und Windlast sind nur einige davon. Als Richtwert können aber ca. 100 bis 150 € pro kWp angesetzt werden. Die Montage selbst liegt, je nach Aufwand des Solarfachbetriebes, um die 200 € pro kWp. Je nach Größe der Anlage kommen dann zusammengerechnet Gesamtkosten für die Montage von um die 300 € pro kWp zusammen und verdoppeln somit fast den Preis für die Module. Für handwerklich begabte Hausbesitzer gibt es hier Einsparpotential.

Durch das **Einspeisemanagement** wird die Leistung Ihrer Anlage durch den Netzbetreiber geregelt. Was genau bedeutet das? Die Anlagen von einer Größe bis 7 kWp können 100 % des erzeugten Stromes in das Netz einspeisen. Produziert Ihre Anlage mehr als 25 kWp, müssen Sie einen Funkrundsteuerempfänger einbauen, damit der zuständige Netzbetreiber bei einer Netzüberlastung die Leistung der Anlage fernsteuern kann.

Funkrundsteuerempfänger: Ein Funkrundsteuerempfänger bei PV-Anlagen dient dazu, auf Signale des Energieversorgers zu reagieren und die Leistung der Anlage entsprechend zu steuern. Dies geschieht, um das Stromnetz stabil zu halten und Überlastungen zu vermeiden.

Die Kosten für so ein Gerät beginnen bei 100 € und können bei Premium-Geräten auch 600 € erreichen. Da die Anschaffung dieser Geräte für Anlagen in einer Zwischengröße unwirtschaftlich ist, wird dort die Leistung der Wechselrichter auf 70 % der Anlagenleistung reduziert. Das führt gerade bei optimal ausgerichteten Photovoltaikanlagen zu Strom- und Geldverschwendung. Allerdings lassen sich durch Optimierung des Eigenverbrauchs diese Spitzen ganz oder zumindest teilweise abfangen.

Wer die PV-Anlage zusätzlich absichern und ständig im Blick haben möchte, kann das mit dem Einbau **zusätzlicher Geräte** erreichen: Mit den Daten aus einem *Smart-Meter* lassen sich die Smart-Home-Geräte gewiss besser steuern und das Ablesen des Stromzählers entfällt, zu den Kosten in Höhe von ca. 100 € für das Gerät kommen aber noch die jährlichen Nutzungsgebühren dazu.

Smart-Meter: Ein Smart-Meter, auch intelligentes Messgerät genannt, ist ein digitaler Zähler, der den Energieverbrauch in Echtzeit erfasst und zusätzlich über eine Kommunikationsschnittstelle mit dem Stromnetz verbunden ist. Smart-Meter ermöglichen es Energieversorgern und Verbrauchern, den Stromverbrauch detailliert zu überwachen, zu analysieren und zu steuern. Durch die kontinuierliche Erfassung von Verbrauchsdaten können Smart-Meter eine präzise Abrechnung des Stromverbrauchs ermöglichen und Verbraucher dabei unterstützen, ihren Energieverbrauch zu optimieren. Darüber hinaus können Smart-Meter auch die Integration von erneuerbaren Energien und die Steuerung von Lastspitzen im Stromnetz erleichtern.

Die Kosten sind vom Stromverbrauch abhängig und fallen deutlich höher aus als bei einer analogen Messeinrichtung.

Haushalte mit	**Preisobergrenze für Nutzer** (brutto)
Stromverbrauch bis einschließlich 10.000 kWh/Jahr	20 €/Jahr
Stromverbrauch über 10.000 bis einschließlich 20.000 kWh/Jahr	50 €/Jahr
einer Photovoltaikanlage oder einer anderen, Strom erzeugenden Anlage mit einer Leistung bis einschließlich 15 kW/Jahr	20 €/Jahr
einer Photovoltaikanlage oder einer anderen, Strom erzeugenden Anlage mit einer Leistung über 15 kW bis einschließlich 25 kW/Jahr	50 €/Jahr
steuerbarer Verbrauchseinrichtung nach §14a EnWG, wie z. B. Wärmepumpe oder Ladestation für E-Autos	50 €/Jahr

Mit einem Datenlogger entfällt zudem das lästige Ablesen des Stromzählers zwecks Kontrolle des Ertrages, da hier durch die ständige Überwachung der Anlage die Daten automatisch gespeichert und ausgewertet werden können. Die Kosten für ein solches Gerät liegen zwischen 300 € und 1.000 €. Da aber der Ausfall der PV-Anlage dadurch zum Beispiel schneller bemerkt werden kann, ist der Einsatz gerade bei Anlagen auf gemieteten Dächern durchaus sinnvoll. Um nicht nur die eigenen Haushaltsgeräte zu schützen, sondern auch einen möglichen Stromausfall in der Nachbarschaft zu verhindern, wird bei Anlagen ab 10 kWp zusätzlich ein *Blitzschutz* empfohlen. Die Kosten dafür liegen bei ca. 100 € bis 400 €. Solange die Sonne scheint, produzieren die

Module Strom. Bei einem Brandfall können jedoch Gefahren lauern, die durch die Anbringung eines *Feuerwehrschalters* gemildert werden können. Mit Hilfe dieses Schalters kann die Feuerwehr die Stromzufuhr nahe der Module unterbrechen und die Feuerwehrleute werden danach bei den Löscharbeiten nicht zusätzlich gefährdet. So ein Schalter kostet zwischen 300 € und 500 €.

Preisentwicklung von Solarmodulen

Der technologische Fortschritt, Angebot und Nachfrage, staatliche Förderprogramme und politische Entscheidungen haben in der Vergangenheit die Preisentwicklung stark beeinflusst und zu einem deutlichen Preisrückgang der Solarmodule geführt.

Preisentwicklung von Solarmodulen 2010 bis 2024

Da die Technologie immer effizienter wird und die Produktionskapazitäten durch die steigende Nachfrage erhöht werden müssen, wird sich die Solarenergie weiter etablieren und die Preise für die Installation der Photovoltaikanlagen werden wahrscheinlich weiter rückläufig sein. Zusätzlich können durch technologische Innovationen wie verbesserte Materialien, Produktionsprozesse und Speichertechnologie die Preise weiter sinken. Bleibt die politische Unterstützung zur Förderung der erneuerbaren Energien, kann das zu weiteren Nachfragen oder Senkungen der Kosten führen. Da aber genau diese Faktoren, und nicht zuletzt auch der Strompreis, sehr schwer vorhersehbar sind, können sie uns nur Hinweise auf eine mögliche Preisentwicklung in der Zukunft geben.

Betriebskosten

Die Anschaffungskosten stellen bei der Betrachtung der Wirtschaftlichkeit einer Photovoltaikanlage nur einen Teil der Ausgaben dar. Die Photovoltaikanlagen verursachen auch während des Betrachtungszeitraums (meist 20 bis 30 Jahre) laufende Kosten. Diese müssen in die Analyse der Wirtschaftlichkeit einbezogen werden. Für eine grobe Schätzung können Sie von Betriebskosten in Höhe von rund 1 % der Anschaffungskosten pro Jahr ausgehen. Gerade bei nicht optimal ausgerichteten Anlagen führt dies aber eher zu einem negativen Ergebnis. Den größten Posten macht wohl der *Austausch der Wechselrichter* aus. Da die Lebensdauer nur ca. 10 bis 15 Jahre beträgt, müssen sie, wie schon erwähnt, mindestens einmal ausgewechselt werden. Die *Montagekosten* in Höhe von ca. 100 bis 150 € fallen dabei nicht großartig ins Gewicht. Durch den Preis des *neuen Wechselrichters* und den – je nach Lieferzeit und Verfügbarkeit des Solarteurs – entstandenen Ertragsausfall können abhängig von der Größe der Anlage Kosten von mehreren Tausend Euro entstehen. Das sollten Sie von Anfang an einplanen.

Die Kosten für *Wartung und Instandhaltung* fallen dagegen eher gering aus. Das übliche Intervall liegt zwischen zwei und vier Jahren. Die Preise variieren je nach Betrieb, Region und Anlagengröße zwischen 80 und 200 €. Wirtschaftlich rechnet sich die Wartung nur selten, sie vermittelt aber ein gutes Gefühl und kann insbesondere bei Versicherungsverträgen verpflichtend sein. Eine verschmutzte Anlage produziert weniger Strom als eine saubere, über diesen Punkt gibt es keine Diskussionen – darüber, ob eine *Reinigung* sich rechnet und wie oft diese durchgeführt werden soll, schon. Das muss individuell je nach Art, Standort und Region der Photovoltaikanlage entschieden werden. Ist die Anlage durch Laub, Vogelkot oder anderweitig stark verschmutzt und wird sie durch Regen oder Schnee nicht „freigewischt", sollten Sie die Module reinigen. Das können Sie mit kalkarmem Wasser und geeignetem, weichem Reinigungsmittel (umweltfreundliche Haushalts- oder Glasreiniger) an leicht zugänglichen Stellen mit einer weichen Glasbürste auch selbst erledigen. Vermeiden Sie jedoch aggressive, chemische Reiniger, um die Oberflächen der Panels zu schonen. Ansonsten berechnet eine Reinigungsfirma im Schnitt pro Quadratmeter ca. 1,00 bis 2,50 €. Das macht umgerechnet auf eine 10-kWp-Anlage 60 bis 200 € aus.

Hagel, Sturm, Überspannung durch Blitzeinschlag, Kabelschäden durch Tiere und nicht zuletzt Diebstahl und Vandalismus können zum Ertragsausfall der Photovoltaikanlage führen. Mit einer *Photovoltaikversicherung* können Sie sich gegen derlei Gefahren absichern. Je nach Anlagengröße kosten die Tarife um die 100 €. Bei Aufdachanlagen sind diese möglichen Gefahren auch oft schon in der Wohngebäudeversicherung enthalten. Prüfen Sie daher Ihre Police, um unnötige Ausgaben zu vermeiden.

Wirtschaftlichkeitsberechnung

Eine Wirtschaftlichkeitsbetrachtung der geplanten Photovoltaikanlage ist aufgrund der zahlreichen Einflussfaktoren keine einfache Aufgabe. In den meisten Fällen interessiert der Zeitpunkt bzw. das Jahr, ab dem Ihre Anlage schwarze Zahlen schreibt. Da aber nicht alle Größen konstant sind und zum Teil angenommen werden müssen, liefert das Ergebnis uns nur eine mögliche Prognose. Das wird klarer, wenn wir uns die Faktoren näher ansehen.

Die Wirtschaftlichkeitsberechnung einer Photovoltaikanlage beinhaltet die Bewertung der Investitionskosten im Vergleich zu den erwarteten Einnahmen und Einsparungen über die Lebensdauer der Anlage. Hier sind die grundlegenden Einflussfaktoren, die in die Rechnung einbezogen werden müssen:

Investitionskosten: Dies sind die Kosten für den Kauf und die Montage der PV-Anlage. Sie umfassen Solarzellen, Wechselrichter, Montagesysteme,

Verkabelung, Arbeitskosten, Genehmigungen und möglicherweise auch Speichersysteme (wie Batterien) und diverses Zubehör. Sie können meist centgenau beziffert werden.

Erträge: Die Haupterträge einer PV-Anlage kommen zum einen aus dem Verkauf des erzeugten Stroms und zum anderen aus der Einsparung von Stromkosten durch Eigenverbrauch. Die Erträge hängen von der installierten Leistung der Anlage, der individuellen Sonneneinstrahlung am Standort, dem Wirkungsgrad der Anlage und den lokalen Strompreisen ab. Aufgrund der jährlichen Schwankungen werden hier Durchschnittswerte verwendet.

Einsparungen: Wenn die PV-Anlage für den Eigenverbrauch installiert ist, können Einsparungen durch die Reduzierung des Strombezugs vom Netz erzielt werden. Dies ist besonders rentabel, wenn der Strompreis hoch ist. Da die Strompreisentwicklung nur geschätzt werden kann, treten hier ebenfalls Ungenauigkeiten in der Berechnung auf.

Lebensdauer und Wartungskosten: Die Lebensdauer einer PV-Anlage beträgt typischerweise zwischen 25 und 30 Jahre. Die Wartungskosten sind im Vergleich zu anderen Energieerzeugungstechnologien in der Regel gering, umfassen jedoch regelmäßige Reinigung, Inspektionen und gelegentliche Reparaturen. Auch diese Größen lassen sich nicht zu 100 % genau vorhersagen und werden mit Erfahrungswerten besetzt.

Finanzierungskosten und Steuern: Die Finanzierungskosten (z. B. Zinsen für Darlehen) müssen in die Berechnung einbezogen werden. Außerdem können Steuervorteile wie Förderungen, Subventionen oder steuerliche Anreize die Wirtschaftlichkeit der PV-Anlage beeinflussen. Hier können auch Veränderungen vorkommen, diese haben aber auf die Berechnung nur einen geringen Einfluss.

Inflation und Strompreisentwicklung: Die Berechnung sollte auch die erwartete Inflation und die Entwicklung der Strompreise berücksichtigen, um zukünftige Einnahmen und Einsparungen angemessen einzuplanen. Wie wir alle in jüngster Vergangenheit gemerkt haben, können sich diese Faktoren sehr schnell und stark verändern und somit die Wirtschaftlichkeit der PV-Anlage in beide Richtungen extrem beeinflussen.

Standortfaktoren: Die Sonneneinstrahlung ist je nach geografischem Standort unterschiedlich. Faktoren wie Schattenwurf, Neigung und Ausrichtung der Module beeinflussen ebenfalls die Leistung der PV-Anlage. Diese Faktoren lassen sich jedoch mittlerweile mit vorhandenen Programmen relativ exakt berechnen. PV-Ertrag online berechnen mithilfe von PV-Ertragsrechnern:

Regulatorische Rahmenbedingungen: Gesetze und Vorschriften, insbesondere in Bezug auf Netzeinspeisung, Einspeisevergütungen und Netznutzungsentgelte, können die Rentabilität einer PV-Anlage erheblich beeinflussen.

Die Wirtschaftlichkeitsberechnung einer PV-Anlage erfordert eine umfassende Analyse all dieser Faktoren, um eine fundierte Entscheidung über die Rentabilität der Investition zu treffen.

Liegen Ihnen die Angebote vor, sind die Ausgaben gut bestimmbar und können den erzielbaren Einnahmen gegenübergestellt werden. Ein kostenloses Programm auf Excel-Basis können Sie beim Umweltinstitut München über den folgenden Link anfordern:

https://umweltinstitut.org/energie-und-klima/mitmachaktionen/wirtschaftlichkeit-von-solaranlagen/

Selbst wenn das rechnerische Ergebnis vorliegt, kann die Frage *„Wann lohnt sich eine Photovoltaikanlage?"* nicht pauschal beantwortet werden. Die Antwort hängt vielmehr von dem Motiv des Betriebes einer Anlage ab und ist individuell. Die meisten Menschen installieren eine PV-Anlage aus überwiegend wirtschaftlichen Gründen und erwarten eine Amortisation nach ca. 12 bis 15 Jahren. Ökologisch motivierte Betreiber sind sogar erst mit einer Amortisationszeit nach 20 bis 25 Jahren zufrieden. Allgemein liegen die Renditen bei im Dezember 2023 installierten Anlagen mit einer Größe von 5 kWp, je nachdem, ob ohne oder mit Stromspeicher, bei 2,5 % bis 4,5 %. Anlagen mit einer Größe von 10 kWp erzielen Renditen von ca. 8 % bis 11 %.

Sinkende Einspeisevergütung

Die Einspeisevergütung ist eine staatliche Vergütung, die der Betreiber einer Photovoltaikanlage für jede ins öffentliche Stromnetz eingespeiste Kilowattstunde Solarstrom erhält. Die Vergütungssätze für die Einspeisevergütung werden durch Novellierungen des *EEG* ständig angepasst. Die neue Vergütung gilt, wenn Ihre Anlage am 30.07.2022 oder zu einem späteren Zeitpunkt in Betrieb gegangen ist.

Gesetz für den Ausbau erneuerbarer Energien (EEG)

Die Vergütung unterscheidet sich zwischen Photovoltaikanlagen, die den produzierten Strom vollständig ins öffentliche Netz einspeisen (Volleinspeisung), und Anlagen, bei denen ein Teil dieses Stroms selbst genutzt und lediglich Überschüsse ins Netz eingespeist werden (Überschusseinspeisung). Aktuelle Fördersätze können auf der Internetseite der Bundesnetzagentur eingesehen werden. Im Folgenden finden Sie die Förderung für die ab 1. Februar 2024 in Betrieb genommenen Anlagen.

Fördersätze – Einspeisevergütung bei Inbetriebnahme ab 1. Februar 2024 bis 31. Juli 2024 (§ 21 Abs. 1, § 53 Abs. 1 EEG)

Anlagenart	**Installierte Leistung** (kW) bis	**Teileinspeisung** (ct/kWh)	**Volleinspeisung** (ct/kWh)
	10	8,11	12,87
	40	7,03	10,79
Gebäude oder Lärmschutzwände (§ 48 Abs. 2, 2a EEG 2023)	100	5,74	10,79
Sonstige Anlagen (§ 48 Abs. 1 EEG 2023)	100	6,53	6,53

Der – je nach Anlage und Einspeisung – ermittelte Vergütungssatz wird für 20 Jahre festgeschrieben. Die bisherige monatliche Absenkung (Degression) der Einspeisevergütung wurde mit der Verabschiedung des Osterpakets von der Regierung bis Ende Januar 2024 ausgesetzt. Seit Februar 2024 gilt eine neue, halbjährliche Degression der Vergütung (Absenkung der Vergütungssätze) um 1 %. **Deshalb bleiben die Vergütungssätze aktuell bis Ende Juli 2024 gleich und sollen anschließend wieder um 1 % reduziert werden.**

Bei Betrachtung dieser Entwicklung stellt sich die Frage, ob die Wirtschaftlichkeit bei sinkender Einspeisevergütung noch gegeben ist oder nicht. Die Höhe der Einspeisevergütung soll gewährleisten, dass Sie mit ihr alle Kosten zur Produktion des Solarstroms decken können. Dies ist durch die Preisentwicklung der Module auch heute noch der Fall.

Anders als in der Vergangenheit spielt der Eigenverbrauch von selbsterzeugtem Solarstrom bei der Wirtschaftlichkeit jedoch eine zunehmend wichtigere Rolle. Denn während Sie für die Einspeisung des Solarstroms nur so viel bekommen, dass Sie hauptsächlich Ihre Kosten decken und eventuell einen geringen Gewinn machen, können Sie bei jeder selbst verbrauchten Kilowattstunde Solarstrom sehr viel Geld sparen. Das liegt an den zurzeit hohen Preisen für Haushaltsstrom. Da die Erzeugung einer kWh Solarstrom Sie lediglich etwa 11 bis 13 Cent kostet, die Preise aber beim Strombezug bei ca. 32 Cent/kWh liegen, sparen Sie somit mit jeder eigen verbrauchten kWh Strom die Differenz von ca. 20 ct/kWh. Mit einem Stromspeicher kann zwar der tagsüber erzeugte Solarstrom für die Abend- und Nachtstunden zwischengespeichert werden, 100 % Eigenverbrauch ist jedoch auch hier nur schwer zu erreichen und wenn doch, dann nur zu Lasten der Wirtschaftlichkeit. Das Positive ist, dass Sie durch die Einspeisevergütung den überschüssig erzeugten Strom nicht verschenken müssen, sondern eine kostendeckende Vergütung erhalten.

Finanzielle Förderung

Um die Entscheidung für den Betrieb einer PV-Anlage zu erleichtern und die Erzeugung von klimafreundlichem Solarstrom zu fördern, gibt es nicht nur vom Staat zahlreiche Zuschüsse und Förderungen, sondern unter Umständen auch von den Bundesländern, Städten und Kommunen. Wichtige Informationen und eine Übersicht zur Solar-Förderung 2024 und darüber, was es mit KfW, BAFA und BEG als Photovoltaikförderung auf sich hat, erhalten Sie in den folgenden Ausführungen.

Fördermittel übernehmen eine wichtige Rolle bei der Investition in eine Photovoltaikanlage. Sie reduzieren die Kosten und erhöhen die Rendite. Deshalb sollten Sie sich in jedem Fall intensiv mit den **Fördermöglichkeiten für die Anschaffung, Finanzierung und den Betrieb einer PV-Anlage** beschäftigen, denn Solartechnik zur Stromerzeugung wird in Deutschland auf ganz unterschiedliche Weise gefördert. Es gibt Zuschüsse, zinsgünstige Kredite und

Solarstrom-Förderung im laufenden Betrieb. Hier ein Überblick der Förderung nach Zweck und Art:

Fördergelder für die Solaranlage sind möglich für:

- Anschaffung einer Photovoltaik-Anlage
- Anschaffung eines Stromspeichers
- den erzeugten Solarstrom
- die Realisierung von Mieterstrommodellen

Photovoltaik-Förderung in unterschiedlicher Form:

- als Einmalzuschuss
- als Tilgungszuschuss zu einem Solarkredit
- als reiner Finanzierungskredit
- als Vergütung pro Kilowattstunde

Die „moderne" Förderung soll den bedarfsgerechten Ausbau und kontrollierte Einspeisung von Solarstrom in das öffentliche Netz unterstützen. Das Interesse an einer massenhaften Produktion ist deutlich zurückgegangen, nicht zuletzt, weil es die Netzstabilität gefährden kann.

Netzstabilität: Photovoltaikanlagen (PV-Anlagen) können die Netzstabilität beeinflussen, sowohl positiv als auch negativ. Auf der positiven Seite können PV-Anlagen dazu beitragen, die Netzstabilität zu verbessern, indem sie erneuerbare Energie in das Netz einspeisen, was die Abhängigkeit von fossilen Brennstoffen reduziert und die CO_2-Emissionen senkt. Darüber hinaus können PV-Anlagen zur dezentralen Energieerzeugung beitragen, was die Last auf das Netz verteilt und die Belastung einzelner Netzbereiche verringert. Auf der anderen Seite können PV-Anlagen jedoch auch Herausforderungen für die Netzstabilität darstellen. Eine unregulierte Einspeisung von Solarstrom in das Netz kann zu Spannungsschwankungen und Frequenzinstabilitäten führen, insbesondere wenn die PV-Erzeugung plötzlich einsetzt oder abfällt (z. B. aufgrund von Wolken oder Sonnenuntergang). Um diese Probleme zu bewältigen, sind technische Lösungen wie intelligente Netzkopplungssysteme und die Integration von Energiespeichern erforderlich, um die Einspeisung von PV-Strom zu steuern und das Netz stabil zu halten.

Die wohl bekannteste Förderung für Photovoltaik wird durch das EEG, das „Erneuerbare-Energien-Gesetz", geregelt. Der Inhalt der EEG-Förderung von Photovoltaik ist die Einspeisevergütung. Die Einspeisevergütung erhalten Anlagenbetreiber für den erzeugten Solarstrom, der in das öffentliche Netz eingespeist wird. Abhängig vom Zeitpunkt der Inbetriebnahme, der Art und der

Größe der Photovoltaikanlage wird diese Fördersumme 20 Jahre lang in der gleichen Höhe pro kWh gezahlt, gerechnet ab dem Monat der Inbetriebnahme. Weitere Veränderungen der Einspeisevergütung vom Bund betreffen Sie daher nicht mehr. Durch die Höhe der staatlich garantierten Einspeisevergütung wird der Ausbau der Photovoltaikanlagen gesteuert. Die Vergütung pro kWh sieht (Stand Februar 2024) folgendermaßen aus:

Sie erinnern sich: Fördersätze – Einspeisevergütung bei Inbetriebnahme ab 1. Februar 2024 bis 31. Juli 2024 (§ 21 Abs. 1, § 53 Abs. 1 EEG)

Art der Anlage	**Installierte Leistung** (kW) bis	**Teileinspeisung** (ct/kWh)	**Volleinspeisung** (ct/kWh)
	10	8,11	12,87
	40	7,03	10,79
Gebäude oder Lärmschutzwände (§ 48 Abs. 2, 2a EEG 2023)	**100**	5,74	10,79
Sonstige Anlagen (§ 48 Abs. 1 EEG 2023)	**100**	6,53	6,53

Im Zeitraum zwischen dem 01.01.2009 und dem 31.03.2012 gab es sogar eine Vergütung für den eigengenutzten Strom. Seitdem wird der Eigenverbrauch nicht mehr monetär gefördert, dennoch gibt es seit 2022 eine andere Erleichterung vom Staat: Die EEG-Umlage auf Eigenverbrauch wurde bereits im Juli 2022 gestrichen. Das EEG regelt außerdem noch die Förderung von sogenannten Post-EEG-Anlagen. Da nach 20 Jahren die garantierte Vergütung wegfällt, die Anlagen aber in der Regel weiterhin Strom produzieren und in das öffentliche Netz einspeisen können, wird die **Vergütung nach Jahresmarktwert Solar berechnet**. Dieser ist der tatsächliche Jahresmittelwert des Marktwerts (MW) von Strom aus Photovoltaik-Anlagen, der sich aus dem Spotmarktpreis ergibt (EEG 2023 § 23b „Besondere Bestimmung zur Einspeisevergütung bei ausgeförderten Anlagen").

Spotmarktpreis: Der Spotmarktpreis beim Strom ist der Preis, zu dem Strom auf einem kurzfristigen Markt gehandelt wird. Er wird in der Regel für die Lieferung von Strom am nächsten Tag festgelegt und basiert auf Angebot und Nachfrage zu einem bestimmten Zeitpunkt. Der Spotmarktpreis wird an speziellen Energiebörsen festgelegt, wie zum Beispiel der European Energy Exchange (EEX) in Deutschland oder der Nord Pool in Skandinavien.

Im Jahr 2023 lag der Jahresmarktwert Solar (die Zahlung erfolgt rückwirkend) bei rund 7,2 Cent/kWh. Der Höchstwert ist seit 2023 auf 10 Cent pro Kilowattstunde gedeckelt. Nicht nur der Bund, sondern auch die Kreditanstalt für Wiederaufbau (KfW) beteiligt sich an der Förderung, und zwar in Kreditform. Die Förderbank KfW bietet einen Förderkredit für Strom und Wärme, „Erneuerbare Energien – Standard" – Programm 270 –, um die Investitionen in eine private PV-Anlage auf Dächern, an Fassaden oder auf Freiflächen zu erleichtern. Die Konditionen beginnen (Stand Februar 2024) bei 5,21 % effektivem Jahreszins und können von Privatpersonen, Unternehmen oder öffentlichen Einrichtungen über die Hausbank bei der KfW beantragt werden.

Eine weitere Möglichkeit bietet der sogenannte Mieterstrom. Er ist durch eine PV-Anlage oder ein Blockheizkraftwerk erzeugter Strom, der an die angeschlossenen Haushalte oder Gewerbebetriebe weitergegeben wird.

Blockheizkraftwerk: Ein Blockheizkraftwerk (BHKW) ist eine stationäre Energieerzeugungsanlage, die gleichzeitig Wärme und Strom produziert. In einem BHKW wird ein Verbrennungsmotor oder eine Gasturbine genutzt, um einen Generator anzutreiben, der elektrische Energie erzeugt. Die bei diesem Prozess entstehende Abwärme wird genutzt, um Wasser zu erwärmen und Heizenergie zu erzeugen. Blockheizkraftwerke können mit verschiedenen Brennstoffen wie Erdgas, Biogas, Holzpellets oder Öl betrieben werden. Der hohe Wirkungsgrad zeichnet sie besonders aus, da sie die bei der Stromerzeugung entstehende Abwärme nutzen und damit insgesamt mehr Energie erzeugen als herkömmliche Heizungen. BHKWs werden häufig in Wohngebäuden, Gewerbebetrieben, Krankenhäusern oder öffentlichen Einrichtungen eingesetzt, um den Eigenverbrauch von Strom und Wärme zu erhöhen und die Energiekosten zu senken. Sie tragen zur Effizienzsteigerung der Energieversorgung bei und reduzieren den CO_2-Ausstoß, was wiederum die Umweltbelastung verringert.

Reicht er nicht aus, wird Strom aus dem Netz bezogen. Wird zu viel produziert, kann der Überschuss eingespeist werden. Diese Regelung besteht theoretisch bereits seit 2017, in der Praxis wurde sie jedoch aufgrund geringer finanzieller Anreize und hoher bürokratischer Hürden kaum umgesetzt. Die Einspeisevergütung für Mieterstrom heißt „**Mieterstromzuschlag**" und soll Mehrkosten, zum Beispiel für den Mess- und Abrechnungsaufwand, ausgleichen. Die Höhe können Sie dieser Tabelle entnehmen:

Mieterstromzuschlag in Cent pro kWh	**bis 10 kW**	**bis 40 kW**	**bis 1.000 kW**
Inbetriebnahme ab 01.02.2024 bis 31.07.2024	2,64	2,45	1,65

Die Photovoltaik-Strategie der Bundesregierung beinhaltet durch Anpassung der Förderrichtlinien den weiteren Abbau von bürokratischen Hürden im Bereich Mieterstrom. Im Zuge des EEG 2023 kam der Punkt des „Quartierstroms“ dazu und ersetzt den Mieterstrom bzw. fasst diesen Begriff weiter. Quartierstrom bedeutet, dass der **Strom für Gebäude nicht mehr zwingend vom selben Dach** und Anlagenbetreiber kommen muss, sondern auch durch Dritte an die Mieter geliefert werden darf. Außerdem kann der Mieterstromzuschlag nun auch für Photovoltaikanlagen gewährt werden, deren Leistung über 100 kW liegt.

Seit dem 01.01.2023 werden die Photovoltaikanlagen nicht mehr in der BEG (Bundesförderung für effiziente Gebäude) im Zuge der Effizienzhaussanierung mitgefördert, im Jahr 2024 können Sie aber beispielsweise den Förderkredit der KfW mit weiteren öffentlichen Fördermitteln, wie Zuschüssen oder Zulagen, kombinieren. Der zusätzliche Erhalt der EEG-Einspeisevergütung ist ebenfalls möglich.

Auch Bundesländer und Städte sowie Gemeinden unterstützen die Energiewende durch die sogenannte Balkonkraftwerk-Förderung. Dabei handelt es sich in der Regel um einmalige Zuschüsse für Stecker-Solargeräte. Diese Förderung ist auch für Mieter sehr interessant.

Steckersolargeräte, auch als Mini-PV-Anlagen, Stecker-PV, PV-Plug, Balkonmodule oder Balkon-PV bezeichnet, bestehen meist aus einem oder zwei Solarmodulen mit jeweils 400 Watt (bei einem Modul) oder 800 Watt (bei zwei Modulen). Diese Geräte funktionieren ähnlich wie kleine Kraftwerke. Die Photovoltaikmodule werden mit einem Wechselrichter und den notwendigen Halterungen geliefert und können an Balkonen, Fassaden oder Zäunen montiert oder ebenerdig auf Terrassen oder Dächern aufgestellt werden. Der Anschluss erfolgt einfach über eine Steckdose im Haushalt.

Planen Sie eine Dachsanierung an Ihrem Haus, ist es eventuell sinnvoll, gleich Photovoltaik-Module einzukalkulieren. Der KfW-Kredit „Erneuerbare Energien – Standard“ beinhaltet die gemeinsame Förderung der Installation der Photovoltaikanlage und die dazugehörigen Dacharbeiten.

Je geringer Ihre Investitionskosten sind, desto besser ist die Rendite. Um das zu erreichen, sollten **alle Fördermöglichkeiten ausgeschöpft werden.** Diese können in Form von Zuschüssen, zinsgünstigen Krediten oder Kostenübernahmen für die Erstberatung erfolgen. Die regionalen Förderprogramme beschränken sich nicht nur auf Photovoltaikanlagen, sondern können auch PV-Speicher oder Ladesäulen für das Elektroauto (Wallbox) beinhalten. Diese Maßnahmen helfen dabei, den Eigenverbrauch zu erhöhen, und sorgen für eine wachsende indirekte Rendite der Solaranlage. Informieren Sie sich deshalb vor der Anschaffung bei den zuständigen Behörden in Ihrer Region.

Ein wichtiger Tipp: Förderprogramme werden meistens betragsmäßig begrenzt und enden, wenn die Mittel ausgeschöpft sind. Daher sollten Sie rechtzeitig die Anträge stellen. Niemand kann genau sagen, ob es eine Folgeförderung geben wird.

Zum Schluss gibt es eine weitere Möglichkeit für eine indirekte staatliche Förderung: die Steuer. Seit dem Beschluss im Jahressteuergesetz 2022 entfallen ab 2023 die Einkommensteuer und die Umsatzsteuer auf PV-Anlagen bis 30 kWp. Dieser Nullsteuersatz bringt jedoch nicht nur Steuervorteile mit sich, denn aufgrund dessen kann nun keine Mehrwertsteuer mehr als Vorsteuer geltend gemacht werden. Auch die Einkommensteuer lässt sich nicht mehr im Rahmen von Abschreibungen und Werbungskosten vom Finanzamt zurückholen. Eine ausführliche und individuelle Photovoltaik-Beratung über mögliche Steuererleichterungen kann Ihnen Ihr Steuerberater geben. Hinsichtlich aktueller Förderungsprogramme und -bedingungen wenden Sie sich am besten an einen Solarteur aus Ihrer Nähe.

Die Planungsphase

ENERGIEBEDARF

Im ersten Schritt geht es bei der Konzeption einer Photovoltaikanlage darum, den voraussichtlichen Energiebedarf abzuschätzen, zu ermitteln oder, noch besser, ihn genau zu kennen. Je genauer die Datenbasis ist, desto aussagekräftiger sind die Ergebnisse der Planung. Im zweiten Schritt sollten Sie das Ziel festlegen, welches Sie mit dem Betrieb einer PV-Anlage erreichen möchten. Geht es Ihnen dabei „nur" um die wirtschaftliche Betrachtungsweise und die Senkung der Energiekosten oder streben Sie einen möglichst hohen Autarkiegrad an? Je nach Ziel hat dies eine Auswirkung auf die Dimensionierung und Ausstattung der Anlage.

Um eine Photovoltaikanlage möglichst wirtschaftlich zu betreiben, sollte der Eigenverbrauch maximiert werden. Aber was versteht man unter Eigenverbrauch und warum ist das so? Als Eigenverbrauch bezeichnet man den Strom, der direkt bei der Umwandlung von Sonnenenergie in den Solarmodulen im Haushalt verbraucht oder auch in einer Batterie erst zwischengespeichert und nicht in das öffentliche Netz eingespeist wird. Die Ersparnis bei dem Eigenverbrauch entsteht dadurch, dass für diesen Anteil der teure Zukauf von Strom aus dem Netz, aktuell (4/2024) ca. 32 Cent/kWh, entfällt. Berücksichtigt man, dass durch die Einspeisevergütung überwiegend nur die Kosten für die Produktion des Stromes in Höhe von ca. 8 bis 10 Cent/kWh entlohnt werden sollen, sparen Sie beim Eigenverbrauch des selbst erzeugten Stromes rund 20 Cent/kWh. Da naturgemäß nicht nur im Tages-, sondern auch im Jahresverlauf die Stromproduktion nicht zu 100 % mit dem Strombedarf übereinstimmt, müssen bei der Betrachtung Kompromisse zwischen Eigenverbrauch und Einspeisung eingegangen werden. Durch Einsatz von smarten Geräten und Erweiterung der Photovoltaikanlage mit Batteriespeichern kann der Eigenverbrauchsanteil auf bis zu 80 % erhöht werden. Aber was ist dabei der Unterschied zum Grad der Autarkie?

Möchten Sie komplett unabhängig, also autark, vom Netzbezug und somit von den Preisentwicklungen am Energiemarkt sein, müssen Sie Ihre Photovoltaikanlage und ggf. den Batteriespeicher so dimensionieren, dass Sie zu jeder Tages- und Jahreszeit genügend Strom in Reserve haben. Dann hätten Sie einen Autarkiegrad von 100 %. Dafür müsste Ihre Anlage jedoch so viel Strom produzieren, dass Ihr Anteil für den Eigenverbrauch dadurch drastisch sinken würde. Ein solches Modell ist sicherlich rechnerisch und technisch möglich, aber zumindest am Standort Deutschland weder wirtschaftlich noch ratsam. Durch den Wegfall der EEG-Umlage seit 2023 ist der Eigenverbrauch noch interessanter geworden, denn bis dahin musste auch für den selbst verbrauchten Strom die Umlage noch gezahlt werden, obwohl der Strom vom eigenen Dach kam.

Da die Wärmepumpe mitunter eine wichtige Rolle bei der Energiewende spielt und auch bereits sehr viele Haushalte diese Technik nutzen oder nutzen möchten, erfahren Sie auf den folgenden Seiten alles Wichtige über die Kombination der Photovoltaik mit der Wärmepumpe.

Wärmepumpe: Eine Wärmepumpe ist eine Heizungsanlage, die Wärme aus der Umgebungsluft, aus dem Grundwasser oder aus dem Erdreich gewinnt und in einem Kreislaufsystem nutzt, um ein Gebäude zu heizen. Sie funktioniert ähnlich wie ein Kühlschrank, nur umgekehrt: Anstatt Wärme zu entziehen, wird Wärme aus der Umwelt aufgenommen und ins Gebäudeinnere geleitet. Wärmepumpen sind effizient und umweltfreundlich, da sie erneuerbare Energiequellen nutzen und weniger Primärenergie verbrauchen als herkömmliche Heizungssysteme.

Die Heizung im Allgemeinen hat einen erheblichen Teil an den Energiekosten eines Haushaltes. Wie wichtig die Unabhängigkeit von externen Quellen ist, haben uns die enormen Preisschwankungen in der jüngsten Vergangenheit in diesem Sektor deutlich gezeigt. Die Kombination der Photovoltaikanlage mit der Wärmepumpe bietet eine hervorragende Möglichkeit, dieser Unabhängigkeit näher zu kommen. Das entlastet nicht nur den Geldbeutel, sondern ist auch eine besonders umweltfreundliche Lösung bei der Gebäudetechnik.

Bekannt ist, dass die Wärmepumpe elektrische Energie benötigt. Um die entnommene Umweltwärme auf die benötigte Temperatur zu „pumpen“, entstehen für Sie viele Vorteile, wenn diese Energie von der eigenen PV-Anlage produziert wird. Zum einen können Sie die Betriebskosten, die überwiegend aus Stromkosten bestehen, der Wärmepumpe durch den eigenen Strom deutlich reduzieren. Des Weiteren wird durch den höheren Eigenverbrauch Ihre PV-Anlage wirtschaftlicher, da die Einspeisevergütung deutlich reduziert wurde und sich der Eigenverbrauch dadurch mehr lohnt als die Einspeisung in das öffentliche Netz. Da es im Winter aber naturgemäß weniger Sonnenstunden gibt als im Sommer, ist der Eigenverbrauch für die Heizung von unterschiedlichen Faktoren abhängig, diese sind:

- die Größe der PV-Anlage,
- der Ertrag der PV-Anlage,
- der Wärmebedarf des Haushaltes,
- die Dämmung des Hauses,
- die Anbindung der Wärmepumpe an die Photovoltaikanlage,
- die Größe des vorhandenen Pufferspeichers,
- das Vorhandensein eines Stromspeichers.

Diese Faktoren werden im weiteren Verlauf – auch in anderem Zusammenhang – noch detailliert erläutert. Die Wärmepumpe ist ein wichtiger Teil dieser Kombination und somit auch entscheidend für die Wirtschaftlichkeit der Photovoltaikanlage. Um die Zusammenarbeit zu optimieren, müssen die beiden Techniken gut aufeinander abgestimmt werden. Aus diesem Grund machen wir an dieser Stelle einen kleinen Ausflug in die Heizungstechnik.

Um den Anteil an Solarstrom beim Verbrauch zu steigern, sollte die Wärmepumpe möglichst effizient sein. Dabei ist sowohl die Vorlauftemperatur als auch die Temperatur im Pufferspeicher entscheidend.

Vorlauftemperatur: Die Vorlauftemperatur bei einer Wärmepumpe bezieht sich auf die Temperatur des Heizwassers, das in den Heizkreislauf des Gebäudes eingeleitet wird. Diese Temperatur muss von der Wärmepumpe erzeugt werden und beeinflusst die Effizienz und Leistung des Heizsystems. Eine höhere Vorlauftemperatur wird benötigt, um eine angemessene Raumtemperatur zu erreichen, insbesondere bei sehr niedrigen Außentemperaturen. Es ist wichtig, die Vorlauftemperatur entsprechend den spezifischen Anforderungen und Bedingungen des Gebäudes einzustellen, um eine effiziente und komfortable Heizung zu gewährleisten.

Bei einer niedrigen Vorlauftemperatur muss die Wärmepumpe also weniger arbeiten.

Pufferspeicher: Der Pufferspeicher bei einer Wärmepumpe ist ein Behälter mit Wasser, der dazu dient, überschüssige Wärmeenergie durch Aufheizen von Wasser zu speichern und bei Bedarf wieder abzugeben. Der Pufferspeicher fungiert dabei als Zwischenspeicher für die erzeugte Wärme. Wenn die Wärmepumpe mehr Wärme produziert, als gerade benötigt wird, wird die überschüssige Wärme in den Pufferspeicher geleitet und dort gespeichert. Bei sinkendem Wärmebedarf im Gebäude kann dann die gespeicherte Wärme aus dem Pufferspeicher entnommen werden, um das Gebäude weiterhin zu heizen oder Warmwasser bereitzustellen.

Hierbei kann der Pufferspeicher auch als Speicher für die Solarenergie fungieren, indem das Wasser in dem Pufferspeicher mit Solarstrom aufgeheizt wird und nicht durch die Wärmepumpe. Sie bleibt so lange ausgeschaltet, bis die Temperatur im Pufferspeicher höher ist als die eingestellte Vorlauftemperatur. Ein weiterer Faktor bei der Effizienz dieser Kombination ist die Größe der Wärmepumpe. Haben Sie noch die Wahlmöglichkeit und liegt die berechnete Heizlast zwischen zwei Heizungsmodellen bzw. deren Leistungen, sollten Sie sich für die kleinere Heizung entscheiden, denn die maximale Heizlast wird nur selten benötigt und wenn, dann in der Regel nur nachts. Auch bei dem Zusammenspiel zwischen Photovoltaikanlage, Wärmepumpe und

Pufferspeicher taucht das alte, bekannte Problem wieder auf: Die Stromproduktion stimmt mit dem Strombedarf nicht immer überein. Der Wärmebedarf des Hauses ist dann am größten, wenn die Tage am kürzesten sind. Hierbei geht es auch nicht darum, eine 100-prozentige Autarkie zu erreichen, sondern um eine möglichst umweltfreundliche und wirtschaftliche Versorgung des Hauses mit Heizungswärme und warmem Wasser. Um das zu erreichen, stehen Ihnen verschiedene technische Möglichkeiten zur Verfügung.

1. Anbindung über SG-Ready – Als Schnittstelle für die intelligente Steuerung von PV-Anlage und Wärmepumpe dient der SG-Ready-Eingang an der Wärmepumpe. Die Abkürzung SG steht für Smart Grid, also intelligentes Stromnetz. Technisch gesehen geht es um die Ansteuerung der Wärmepumpe bei bestimmten Voraussetzungen. Bei Nutzung dieser Technik arbeitet die Wärmepumpe nicht mehr für sich allein, sondern bekommt zusätzliche „Hinweise". Produziert die PV-Anlage zum Beispiel mehr Strom, als gerade benötigt wird, erhält die Wärmepumpe ein Signal und kann diesen Überschuss nutzen, um den Warmwasserspeicher aufzuheizen. Dadurch erhöht sich wiederum der Eigenverbrauch des Stroms. Dieses Signal kann entweder vom Wechselrichter kommen oder von einem Smart-Meter, also einem intelligenten Stromzähler. Die Lösung ist relativ einfach umzusetzen.

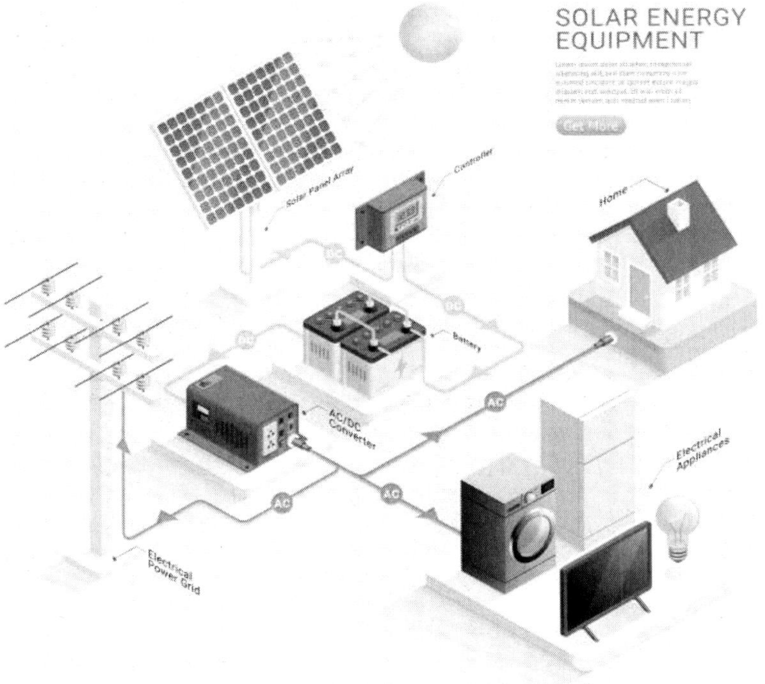

2. Intelligentes Energiemanagementsystem: Sollen nicht nur die Photovoltaikanlage und Batteriespeicher mit der Wärmepumpe kommunizieren, sondern weitere Stromverbraucher wie E-Auto oder auch andere Haushaltsgeräte wie Waschmaschine, Trockner und Geschirrspüler, dann reicht eine Schnittstelle nicht mehr aus. Ein intelligentes Energiemanagementsystem steuert dann gezielt die einzelnen Verbraucher im Tagesverlauf so, dass nach Möglichkeit der eigene Solarstrom dafür verwendet werden kann. Das kann entweder automatisch über eine Software erfolgen oder die Nutzer steuern es mithilfe einer App je nach Bedarf. Mittlerweile sind diese Systeme auch lernfähig und können die Waschmaschine dann einschalten, wenn keine Verbrauchsspitzen zu erwarten sind. Diese Lösung benötigt allerdings auch ein entsprechendes Leitungssystem im Haus. Eine nachträgliche Aufrüstung ist recht aufwendig. Die Verteilung des produzierten Stroms ist dafür umso einfacher und erfolgt nach dem folgenden Prinzip:

1. Im ersten Schritt erfolgt die Versorgung der Haushaltsgeräte, der Wärmepumpe oder des Elektrofahrzeugs im Haus mit dem selbst erzeugten Solarstrom. Dabei werden diese Geräte nur dann eingeschaltet, wenn ausreichend Solarstrom vorhanden ist.
2. Im zweiten Schritt, falls ein Stromspeicher vorhanden ist, wird überschüssiger Solarstrom, der aktuell nicht benötigt wird, in diesem gespeichert.
3. Wenn der Stromspeicher voll ist, kann der überschüssige Solarstrom mithilfe der Wärmepumpe als thermische Energie im Wasserspeicher gespeichert werden. Dabei dient das Brauch- oder Heizungswasser als thermischer Speicher.
4. Zuletzt, wenn alle Haustechnikgeräte und Elektrogeräte versorgt sind und kein weiterer Strom benötigt wird, wird der überschüssige Solarstrom ins öffentliche Netz eingespeist.

Die Verbindung von Photovoltaik und Wärmepumpe bietet also eine nachhaltige und sehr effiziente Möglichkeit, die Vorteile beider Systeme zu optimieren. Es gibt Messungen, die belegen, dass eine deutliche Steigerung des Eigenverbrauchs durch die intelligente Kombination der Komponenten Photovoltaik, Wärmepumpe und Energiespeicher (sei es Stromspeicher oder Pufferspeicher) erreicht werden kann. Allein durch die Kombination der Photovoltaikanlage mit einer Wärmepumpe kann der selbstgenutzte Anteil des Stromes von 30 auf rund 50 % gesteigert werden.

Dimensionierung

Ist der Energiebedarf ermittelt und das gewünschte Ziel festgelegt, geht es an die konkrete Dimensionierung der Photovoltaikanlage. Da es sich in den meisten Fällen um private Aufdachanlagen handelt, muss zunächst abgeglichen werden, wie groß die verfügbare Fläche ist, die Ihnen für die Installation der Module zur Verfügung steht. Nach Auswahl der geeigneten Fläche hinsichtlich Neigung und Ausrichtung kann die Ausmessung mittels Bauunterlagen, Lasertechnik oder auch durch einfaches Auszählen und Hochrechnen der Dachziegel erfolgen. Wichtig ist danach nicht nur der Abzug von Fenstern und sonstigen Dachaufbauten, sondern die Berücksichtigung möglicher Verschattungen und des Abstandes vom Dachrand. Bei einem Flachdach muss aufgrund der Aufstellung und der gegenseitigen Verschattung der Module mit einem Abschlag von ca. 50 % gerechnet werden. Da die Montage der Module sowohl quer als auch längs erfolgen kann und bestimmte Abstände dazwischen und zum Rand des Daches eingehalten werden müssen, fertigen Sie am besten eine Skizze des Daches an, um verschiedene Möglichkeiten auszuprobieren. Die Anzahl der montierbaren Module kann so optimiert werden. Steht diese Größe fest, wird die maximal erzielbare Leistung berechnet, indem Sie die Anzahl der Module mit deren Leistung multiplizieren. Je nach Bedarf besteht hier die Möglichkeit, zum Beispiel zwischen monokristallinen und polykristallinen Modulen zu wählen, um die Wirtschaftlichkeit zu optimieren.

Angebote einholen

Haben Sie für sich die wichtigsten Parameter wie Anzahl der Module, Leistung und Bestandteile festgelegt, geht es danach darum, die Preise dafür einzuholen. Um auf Nummer sicher zu gehen, kann die Anlage auch von einem Spezialisten geplant, geliefert, montiert und in Betrieb genommen werden. Aber wo finden Sie einen und, noch wichtiger, wie erkennen Sie ihn? Leider gibt es auch in dieser Branche nicht nur gute und weniger gute, sondern auch verhältnismäßig schlechte Handwerker. Der Optimalfall ist ein Betrieb aus der Region, der schon bei Ihren Freunden oder Nachbarn die Anlage installiert hat, mit der diese zufrieden sind. Stehen diese Quellen nicht zur Verfügung, werden Sie sicher Anzeigen in der Tageszeitung oder in Fachzeitschriften finden. Natürlich bietet auch das Internet eine Unmenge an Adressen, hier sollten Sie jedoch die Umkreissuche Ihrer Postleitzahl nutzen. Beschränken Sie sich auf 3 bis 4 Angebote. Zu viele Möglichkeiten können unnötig verwirren und die Entscheidung behindern.

Haben Sie sich für einige Anbieter entschieden, geht es an die Kontaktaufnahme. Leider erkennt man einen guten Solarfachbetrieb nicht auf Anhieb. Deshalb sollten Sie auf folgende Punkte besonders achten, die einen guten Betrieb ausmachen:

- persönliche Besichtigung des Montageortes und des Hausanschlusses
- Ihre Wünsche werden berücksichtigt
- keine künstliche Verknappung, weder von Zeit noch von Lieferung
- Preise aller Bestandteile werden einzeln ausgewiesen
- Erstellung einer realistischen Rentabilitätsrechnung
- Offenlegung der Verschaltungspläne
- genaue Angaben zu Anmeldung, Inbetriebnahme, Genehmigungen usw.

Aufgrund der hohen Nachfrage nehmen sich aktuell die meisten Handwerker dafür nur wenig Zeit. Deshalb ist es umso wichtiger, dass Sie sich im Vorfeld über dieses Thema informieren und die Lücken oder Mängel in der Beratung und der Qualität des Angebotes erkennen und beseitigen können.

Sind die Anfragen gestellt, sollten spätestens nach 2 bis 3 Wochen die Angebote vorliegen. Liegt von einem Betrieb weder ein Angebot noch eine Rückmeldung vor, sollten Sie einen anderen Anbieter kontaktieren. Wenn der Verkauf schon so beginnt, wie wird dann wohl erst eine Reklamation bearbeitet werden? Natürlich unterscheiden sich die Angebote nicht nur optisch, sondern auch im Inhalt. Haben Sie Ihre Wünsche und Erwartungen gegenüber dem Solarfachbetrieb klar geäußert, sollten zumindest die Hauptbestandteile Ihrer Anlage gut miteinander verglichen werden können. Bevor die letzte Seite aufgeschlagen wird, sollten Sie prüfen, ob bei den Modulen der Wirkungsgrad, die Nennleistung, die Leistungstoleranz und die Garantien sowie Gewährleistungen ähnlich sind.

Nennleistung: Die Nennleistung bei Solarmodulen bezieht sich auf die maximale Leistung, die ein Solarmodul unter standardisierten Testbedingungen erzeugen kann. Die Nennleistung wird in Watt-Peak (Wp) angegeben und gibt an, wie viel elektrische Leistung ein Solarmodul bei einer Bestrahlungsstärke von 1.000 Watt pro Quadratmeter und einer Zelltemperatur von 25 Grad Celsius erzeugen kann. Je höher die Nennleistung eines Solarmoduls ist, desto mehr Strom kann es pro Fläche erzeugen und somit zur Rentabilität einer Solaranlage beitragen.

Leistungstoleranz: Die Leistungstoleranz bei Solarmodulen gibt an, in welchem Bereich die tatsächliche Leistung eines Solarmoduls von der Nennleistung abweichen kann. Sie wird in Prozent angegeben und zeigt die maximale Abweichung von der Nennleistung des Moduls nach oben oder unten. Eine typische Leistungstoleranz bei Solarmodulen liegt zwischen +/– 3 % bis +/– 5 %. Das bedeutet, dass ein Solarmodul mit einer Nennleistung von 300 Watt und einer Toleranz von +/– 3 % eine tatsächliche Leistung zwischen 291 Watt und 309 Watt haben kann. Eine geringe Leistungstoleranz ist ein Indiz für eine hohe Qualität und Präzision bei der Herstellung der Solarmodule. Es ist daher ratsam, Solarmodule mit einer engen Leistungstoleranz zu wählen, um eine zuverlässige und effiziente Energieerzeugung zu gewährleisten.

Auch die Wechselrichter sollten hinsichtlich Leistung, Wirkungsgrad und Garantie vergleichbar sein. Sind außerdem Extras wie Datenlogger oder Anlagensicherung vorhanden? Bei den Leitungen ist der Querschnitt wichtig. Nun kann auch der Preis verglichen werden. Sind eventuell Preisabweichungen aufgrund besserer Qualität vorhanden? Billig ist nicht gleich besser. Testberichte im Internet können eine weitere Hilfe sein. Wer sich den Vergleich nicht zutraut, kann über die folgende Internetseite professionelle Hilfe holen, allerdings nur für Ein- bzw. Zweifamilienhäuser:

Angebotscheck

BAUGENEHMIGUNG

Sind bis hierhin alle Berechnungen und Ergebnisse positiv ausgefallen, kann der letzte Schritt vor Auftragserteilung in Angriff genommen werden: die Frage nach der Baugenehmigung. Haben Sie sich für einen regionalen Anbieter entschieden, wird er Ihnen wahrscheinlich diese Frage beantworten können. Andernfalls sollten Sie sich bei der Gemeinde erkundigen, denn das Baurecht ist eine Sache der Länder – und die gehen keinesfalls einheitlich dabei vor. Zwar wird in den meisten Ländern eine Baugenehmigung für Photovoltaikanlagen auf eigenen Dächern nicht benötigt, für gebäudeunabhängige Anlagen ab einer Größe von 9 Metern Länge und 3 Metern Höhe jedoch schon. Unterschiede gibt es auch nicht nur bei Häusern mit Denkmalschutz, sondern auch in deren Nähe. Ist der Betreiber und Eigentümer nicht identisch, handelt es sich um eine gewerbliche Nutzung und muss ebenfalls genehmigt werden.

Anmeldung

Ist die Anlage endlich auf dem Dach, muss sie schließlich bei der Bundesnetzagentur gemeldet werden.

Bundesnetzagentur: Die Bundesnetzagentur ist die deutsche Regulierungsbehörde für den Energiemarkt, Telekommunikationsmarkt, Postmarkt und Eisenbahnmarkt. Sie überwacht und reguliert die Netzbetreiber in diesen Bereichen, um faire Wettbewerbsbedingungen zu gewährleisten, Verbraucherinteressen zu schützen und die Sicherheit und Zuverlässigkeit der Netze sicherzustellen. Die Bundesnetzagentur setzt sich auch für die Förderung erneuerbarer Energien und die Umsetzung von EU-Richtlinien im Energiebereich ein.

Dazu müssen Sie die Grunddaten Ihrer Photovoltaikanlage in das Marktstammdatenregister (MaStR) eintragen lassen. Nach dem Erneuerbare-Energien-Gesetz (EEG) sind sowohl die Großproduzenten von Strom als auch Privathaushalte, die ebenfalls Strom selbst erzeugen, zur Meldung verpflichtet. Erfolgt diese Meldung nicht, kann sogar der Anspruch auf die Einspeisevergütung entfallen. Am besten ist eine Anmeldung parallel zur Inbetriebnahme der Anlage. Wenn Sie auf Nummer sicher gehen wollen, können Sie Ihre PV-Anlage aber auch schon bis zu 14 Tage im Voraus als „geplante Inbetriebnahme“ im MaStR hinterlegen. Die letzte Frist endet einen Monat nach der Inbetriebnahme. Die Anmeldung kann mittlerweile online oder auch von dem Solarteur übernommen werden.

Netzbetreiber

Die Stromnetzbetreiber wurden in Deutschland verpflichtet, produzierten Strom aus Photovoltaikanlagen in das Netz einzuspeisen. Von ihnen wird übrigens auch die Einspeisevergütung ausgezahlt. Dazu müssen Sie Ihre Photovoltaikanlage beim Netzbetreiber aber bereits **vor der Montage** anmelden. Der Grund: Der Netzbetreiber hat das Recht, eine Netzverträglichkeitsprüfung Ihrer Anlage durchzuführen, welche bis zu 8 Wochen in Anspruch nehmen darf, um eine mögliche Überlastung des öffentlichen Netzes zu prüfen. Erst nach dieser Freigabe kann der Handwerker mit der Montage der Anlage beginnen. Nach Fertigstellung der Arbeiten kann die Photovoltaikanlage an das öffentliche Netz angeschlossen werden, hierbei wird von dem Fachbetrieb ein sogenanntes Inbetriebnahmeprotokoll erstellt. Der genaue Ablauf dabei und der Inhalt werden später im Buch im Kapitel „How to: Montage und Anschluss – Inbetriebnahme“ ausführlich dargestellt. Dieses Protokoll wiederum müssen Sie, zusammen mit der Registrierungsbescheinigung der Bundesnetzagentur, an den Netzbetreiber übermitteln. Ohne die Anmeldung Ihrer PV-Anlage beim Energieversorger ist die Auszahlung der Einspeisevergütung nicht möglich.

Checkliste „Planung"

Vorabplanung

☐ Wie groß ist das Dach? Für die Dimensionierung der Anlage sollten Sie die Dachfläche unbedingt abschätzen, selbst ausmessen oder ausmessen lassen. Bestehen keine Baupläne mit genauen Maßen, können Sie für die Vermessung Lasergeräte und Ähnliches nutzen oder die Dachziegel abzählen.

☐ Was ist die maximale Leistung? Dies ist am einfachsten über Solarrechner zu ermitteln. Die Anzahl und die Art der Module müssen vorher feststehen.

☐ Wie ist die mögliche Dachbelegung? Mit Hilfe von Skizzen können Sie die maximale Belegung des Daches mit Solarmodulen unter Berücksichtigung von Gauben, Verschattungen, Statik und Abständen ermitteln.

☐ Welche Modulart ist sinnvoll? Entscheiden Sie, abhängig von der Ausrichtung und der Neigung des Daches, vom Gewicht, den Modulgrößen und dem Strombedarf, zwischen monokristallinen, polykristallinen und Dünnschicht-Modulen.

Angebote einholen

☐ Gibt es einen Solarfachbetrieb in der Region? Nutzen Sie Empfehlungen von Nachbarn, Freunden oder Anzeigen in Tageszeitungen.

☐ Hat eine Besichtigung vorab stattgefunden? Ohne einen Vor-Ort-Termin kann ein Solarfachbetrieb kein optimales Angebot mit Beratung erstellen – von Blindangeboten ist abzuraten.

☐ Besteht die Möglichkeit, Referenzobjekte anzuschauen? Fragen Sie nach installierten Anlagen in der Nähe. Erfahrungen anderer Kunden können Ihnen bei der Entscheidung helfen.

☐ Werden eigene Vorstellungen berücksichtigt? Hier sollten Sie deutlich Ihre Wünsche äußern, aber auch Gegenargumente berücksichtigen.

☐ Wird eine Baugenehmigung benötigt? Ein regionaler Solarfachbetrieb wird sich mit den Vorschriften auskennen, dennoch sollten Sie sich bei der Kommune erkundigen.

Angebote bewerten und vergleichen

☐ Sind die Angebote detailliert? Hier sollten Sie auf genaue Auflistungen mit Preisen achten, ansonsten ist ein Vergleich schwierig.

☐ Ist der Preis pro kWp angegeben? Wenn nicht, dann ist der Gesamtpreis durch die Leistung zu teilen.

Anmeldung

☐ Ist die Anlage beim Energieversorger gemeldet? Sie müssen die Anlage entweder selbst anmelden oder anmelden lassen.

☐ Ist die Anlage beim MaStR registriert? Vergessen Sie diese Registrierung nicht!

Technische Aspekte

Die Photovoltaiktechnik ist ein Verfahren zur direkten Umwandlung von Sonnenlicht in elektrische Energie durch die Verwendung von Solarzellen. Diese Solarzellen bestehen überwiegend aus Halbleitermaterialien wie Silizium, die das einfallende Sonnenlicht absorbieren und in elektrische Energie umwandeln. Der photovoltaische Effekt tritt auf, wenn Photonen (Lichtteilchen) auf die Solarzelle treffen und Elektronen im Halbleitermaterial freisetzen, wodurch ein elektrischer Strom erzeugt wird. Die Photovoltaiktechnik wird auf unterschiedliche Weise genutzt, am einfachsten als Direktanwendung für Kleingeräte auf 12- oder 24-Volt-Basis oder in unterschiedlichen Gebrauchsgegenständen wie Taschenlampen, Taschenrechnern, Gartenleuchten etc.

Die Nutzung der Photovoltaiktechnik erfolgt hauptsächlich zur Erzeugung von sauberer und erneuerbarer Energie. Solarzellen können sowohl in großem Maßstab für Solarkraftwerke als auch in kleinerem Maßstab für private Haushalte eingesetzt werden. In Solarkraftwerken werden Tausende von Solarzellen zu Modulen zusammengefasst, um große Mengen an elektrischer Energie zu erzeugen. Diese Energie kann dann ins Stromnetz eingespeist werden, um den Bedarf an konventioneller Energie zu reduzieren und die Umweltbelastung zu verringern. Dafür muss der Strom allerdings in Wechselstrom mit einer Spannung von 230 Volt und einer Frequenz von 50 Hz umgewandelt werden.

Auf der Ebene von privaten Haushalten können Solaranlagen auf dem Dach installiert werden, um einen Teil oder sogar den gesamten Energiebedarf des Hauses zu decken. Überschüssige Energie wird in Batterien gespeichert oder ins Stromnetz eingespeist. Die Nutzung von Photovoltaiktechnik ermöglicht es den Verbrauchern, unabhängiger von konventionellen Energiequellen zu werden, ihre Energiekosten zu senken und einen Beitrag zum Umweltschutz zu leisten, indem sie saubere Energie erzeugen.

Photovoltaikanlage-Komponenten

Da die Photovoltaikanlagen nicht nur aus den Solarmodulen bestehen, sondern aus einer Vielzahl verschiedener, aufeinander abgestimmter Bestandteile, werden sie hauptsächlich in zwei verschiedene Anlagensysteme unterschieden: Inselanlagen und netzgekoppelte Anlagen. Nachdem Sie im Folgenden die Unterschiede kennenlernen, werden die einzelnen Komponenten im Anschluss noch ausführlich erläutert.

- **Inselanlage**

Eine Inselanlage, auch Off-Grid-Anlage genannt, ist nicht an das öffentliche Stromnetz angeschlossen und unter Umständen die einzige Stromquelle vor Ort. Sie besteht meistens aus folgenden Bestandteilen:

1. Solarmodule

Die Module werden zu sogenannten Strings zusammengeschaltet und bilden als Einheit den Solargenerator. Seine Aufgabe ist die Umwandlung von Sonnenstrahlung in elektrischen Strom.

2. Generatoranschlusskasten

Hier befindet sich die Zentrale der Anlage. Die Zusammenschaltung mehrerer Strings zum Generator findet hier statt.

3. Verkabelung

Je nach Größe der Anlage und der Kabellänge ist auf den Querschnitt des Kabels zu achten, um Leitungsverluste zu minimieren. Auch bei meistens kurzen Wegen zwischen Wechselrichter und Batterie muss das Kabel die hohen Ströme aushalten können.

4. Energiespeicher / Akkumulator

Da bei der Inselanlage keine Verbindung zum Stromnetz existiert, muss die Stromversorgung in Zeiten, in denen eine Stromproduktion nicht möglich, aber der Bedarf vorhanden ist, durch einen Energiespeicher sichergestellt werden. Die Dimensionierung hängt von dem Strombedarf und der Anlagengröße ab.

5. Laderegler

Diese übernehmen eine wichtige Aufgabe in der gesamten Einheit: den Schutz des Batteriespeichers. Sie sollen sowohl eine Überladung als auch eine Tiefenentladung verhindern und verlängern damit die Lebensdauer des Speichers. Der Laderegler muss an die Art der Batterie angepasst werden und kann ein Serienregler, Shunt-Regler oder ein teurer MPP-Regler (Maximum Power Point) sein. Zusätzlich muss er zu dem Maximalstrom der Solarmodule und der Verbraucher passen. Eine nachträgliche Veränderung ist, zum Beispiel bei der Erweiterung der Anlage, nicht mehr möglich.

Serienregler: Ein Serienregler wird verwendet, um die Spannung der Batterie zu stabilisieren und den Ladestrom zu regeln. Der Regler überwacht die Spannung der Batterie und passt den Ladestrom entsprechend an, um eine Überladung oder Tiefentladung der Batterie zu verhindern. Der Serienregler sorgt dafür, dass die Batterie immer mit der richtigen Spannung geladen wird, und schützt sie vor Schäden durch falsche Ladeströme.

Shunt-Regler: Ein Shunt-Regler ist eine Art von Spannungsregler, der verwendet wird, um die Spannung auf einem konstanten Niveau zu halten. Er funktioniert, indem er einen Teil des Stroms ableitet (shuntet), um die Spannung zu stabilisieren. Dies hilft, Überladung der Batterien zu verhindern und die Effizienz der PV-Anlage zu maximieren. Der Shunt-Regler überwacht kontinuierlich die Spannung und passt den Stromfluss entsprechend an, um sicherzustellen, dass die Batterien optimal geladen werden.

MPP-Regler: Ein Maximum-Power-Point-Regler (MPP) überwacht und steuert die optimale Lade- und Entladeleistung der Batterie. Der Regler passt den Betriebspunkt der Batterie kontinuierlich an, um sicherzustellen, dass die maximale Energieeffizienz erreicht wird. Dies ermöglicht eine effiziente Nutzung der gespeicherten Energie und verlängert die Lebensdauer der Batterie. Der MPP-Regler sorgt dafür, dass die Batterie stets mit der optimalen Leistung geladen und entladen wird, um den maximalen Nutzen aus dem Batteriespeicher zu ziehen.

Insel-Wechselrichter

Da auch bei einer Insel-Photovoltaikanlage die Geräte mit Wechselstrom betrieben werden sollen, wird ein Insel-Wechselrichter benötigt. Der Unterschied wird später näher erklärt.

Mittlerweile gibt es komplette und aufeinander abgestimmte Inselanlagen zu kaufen, zum Beispiel für Garten- oder Ferienhäuser sowie für Wohnmobile oder Boote.

- **Netzgekoppelte Photovoltaikanlage**

1. Solarmodule

Bei den Solarmodulen gibt es keine Unterschiede zu denen einer Inselanlage. Sowohl die Art als auch die Verkabelung kann identisch sein.

2. Generatoranschlusskasten

Dieser wird auch bei einer netzgekoppelten Anlage benötigt und enthält die Verkabelung der Strings und die benötigten Sicherungen.

3. Wechselrichter

Er ist ein wichtiger Bestandteil einer Photovoltaikanlage, der die gesamte Leistung mitbestimmt. Eine genauere Beschreibung folgt.

4. Stromzähler

Da bei einer netzgekoppelten Anlage ein Teil des Stromes eingespeist wird, muss natürlich gemessen werden, wie viel dies ist.

5. Einspeisemanagement

Ab einer bestimmten Größe muss die Leistung der Anlage durch den Netzbetreiber aus der Ferne geregelt werden. Dafür ist der Einbau spezieller Geräte notwendig.

6. Stromspeicher

Obwohl bei einer netzgekoppelten Anlage der Strombedarf auch aus dem Netz bezogen werden kann, ist, um den Eigenverbrauch zu erhöhen, der Einsatz eines Batteriespeichers durchaus sinnvoll. Dadurch kann der tagsüber erzeugte und nicht verbrauchte Strom gespeichert und dafür dann in der Nacht genutzt werden. Auch hier sollte zum Schutz entsprechende Elektronik eingesetzt werden.

SOLARMODULE

Eines der wichtigsten Bestandteile einer Photovoltaikanlage sind die Solarmodule. Sie bestehen, je nach Energiebedarf, aus einer unterschiedlichen Anzahl von miteinander verbundenen Solarzellen. Mehrere Module werden zu sogenannten Strings verschaltet und bilden gemeinsam den Stromgenerator.

Funktion einer Solarzelle

Eine Solarzelle wandelt Sonnenlicht direkt in elektrische Energie um. Dies geschieht durch das sogenannte photovoltaische Prinzip, bei dem das Licht in der Solarzelle auf eine Halbleiterschicht trifft und Elektronen freisetzt. Diese Elektronen werden dann durch ein elektrisches Feld in der Solarzelle in eine Richtung gedrängt, was einen elektrischen Strom erzeugt. Dieser Strom wird genutzt, um elektrische Geräte zu versorgen oder in Batterien zu speichern. Solarzellen unterscheiden sich je nach Material der Halbleiter hauptsächlich in monokristalline, polykristalline und Dünnschicht-Zellen.

Monokristalline Solarzellen

Monokristalline Solarzellen sind eine der effizientesten Arten von Solarzellen und werden häufig in Solarpanels für die Erzeugung von Solarenergie verwendet. Sie bestehen aus einem einzigen Kristall, der aus einem reinen Siliziummaterial hergestellt wird. Dieser Kristall hat eine regelmäßige, geordnete Struktur, die es den Elektronen ermöglicht, sich leichter zu bewegen und eine höhere Effizienz bei der Umwandlung von Sonnenlicht in elektrischen Strom zu erreichen.

Die Herstellung von monokristallinen Solarzellen ist ein aufwändiger Prozess, der eine präzise Kontrolle der Temperatur und anderer Parameter erfordert. Zunächst wird das reine Siliziummaterial geschmolzen und dann in einem langwierigen Prozess zu einem großen Kristall gezogen. Dieser Kristall wird dann in dünne Scheiben geschnitten, die als Wafer bezeichnet werden.

Die Wafer werden dann in einem weiteren Prozess gereinigt und mit Dotierstoffen behandelt, um eine p-n-Junction (ein Bereich, in dem die Dotierung von negativ (n) zu positiv (p) wechselt) zu erzeugen, die für die Umwandlung von Licht in elektrische Energie erforderlich ist. Anschließend werden die Wafer mit einer Antireflexionsschicht beschichtet, um die Lichtabsorption zu maximieren.

Die monokristallinen Solarzellen haben eine hohe Effizienz (Wirkungsgrad) von mindestens 22 %, was bedeutet, dass sie einen großen Teil des eingefangenen Sonnenlichts in elektrische Energie umwandeln können. Sie haben eine lange Lebensdauer von bis zu 25 Jahren oder mehr.Insgesamt sind monokristalline Solarzellen eine effiziente und zuverlässige Option für die Erzeugung von Solarenergie und werden häufig in Wohn-, Gewerbe- und Industrieanwendungen eingesetzt, um saubere und erneuerbare Energie zu erzeugen.

Polykristalline Solarzellen

Polykristalline Solarzellen sind eine weitere gängige Art von Solarzellen, die zur Umwandlung von Sonnenlicht in elektrische Energie verwendet werden. Im Gegensatz zu monokristallinen Solarzellen bestehen polykristalline Solarzellen aus Siliziummaterial, das aus mehreren kleinen Kristallen besteht. Diese Kristalle haben unterschiedliche Ausrichtungen und Korngrößen, was im Vergleich zu monokristallinen Solarzellen zu einer weniger geordneten Struktur führt. Die Herstellung von polykristallinen Solarzellen ist einfacher und kostengünstiger als die Herstellung von monokristallinen Solarzellen, da sie weniger aufwändige Prozesse erfordert. Der Herstellungsprozess beginnt mit dem Schmelzen von Siliziummaterial, das dann in Formen gegossen und abgekühlt wird, um polykristalline Blöcke zu bilden. Diese Blöcke werden dann in dünne Scheiben geschnitten, die auch hier als Wafer dienen. Der nächste Schritt ist mit dem der monokristallinen Zellen identisch.

Polykristalline Solarzellen haben im Vergleich zu monokristallinen Solarzellen eine etwas niedrigere Effizienz. Der Wirkungsgrad liegt bei etwa 15 bis 17 %. Dies liegt daran, dass die weniger geordnete Struktur der polykristallinen Solarzellen die Bewegung der Elektronen etwas behindert. Trotzdem sind polykristalline Solarzellen eine kostengünstige Option für die Erzeugung von Solarenergie und werden häufig in großen Solaranlagen verwendet, um saubere und erneuerbare Energie zu produzieren.

Polykristalline Solarzellen sind robust und langlebig und haben eine Lebensdauer von etwa 20 Jahren oder mehr. Trotz der etwas größer benötigten Fläche werden Sie ebenfalls auf Wohn-, Gewerbe- und Industriegebäuden eingesetzt.

Dünnschicht-Zellen

Dünnschicht-Zellen sind eine alternative Art von Solarzellen, die im Vergleich zu monokristallinen und polykristallinen Solarzellen dünner sind und weniger Material benötigen. Sie bestehen aus einer oder mehreren Schichten von dünnem Halbleitermaterial, das auf einem Trägersubstrat aufgebracht wird. Diese dünnen Schichten können aus verschiedenen Materialien wie amorphem Silizium, Cadmiumtellurid (CdTe), Kupfer-Indium-Gallium-Selenid (CIGS) oder anderen Verbindungen bestehen.

Der Herstellungsprozess von Dünnschicht-Solarzellen ist noch einfacher und kostengünstiger als bei kristallinen Solarzellen. Er kann zu großen Teilen automatisiert ablaufen. Zunächst wird das Trägersubstrat (Unterlage aus Glas, Metall oder Kunststoff) vorbereitet und dann werden die dünnen Schichten des Halbleitermaterials aufgebracht. Dies kann durch verschiedene Methoden wie physikalische Gasphasenabscheidung, chemische Gasphasenabscheidung, Sputtern oder Druckverfahren erfolgen.

Gasphasenabscheidung: Die Gasphasenabscheidung ist ein Verfahren zum Auftragen von dünnen Schichten von Materialien auf Substrate. Bei der Gasphasenabscheidung werden gasförmige Vorläuferverbindungen in einem Reaktionsraum zugeführt, wo sie unter bestimmten Bedingungen (Temperatur, Druck, Gaszusammensetzung) chemische oder physikalische Reaktionen eingehen und die gewünschten Materialschichten auf dem Substrat ablagern. Die Gasphasenabscheidung ermöglicht eine präzise Kontrolle der Schichtdicke und Zusammensetzung sowie die Herstellung von hochwertigen und homogenen Schichten, was zu effizienten Solarmodulen führt.

Sputtern: Beim Sputterprozess wird ein Materialtarget (meist ein Metall oder Halbleiter) mit Ionen beschossen, die durch eine Hochspannungsquelle erzeugt werden. Die Ionen treffen auf das Target und lösen Atome oder Moleküle des Materials ab, die dann auf das Substrat abgeschieden werden. Beim Sputtern werden verschiedene Schichten von Materialien wie Halbleitern oder Metallen aufgebracht, um spezifische Funktionen in den Solarmodulen zu erfüllen. Durch die präzise Kontrolle des Sputterprozesses können dünne Schichten mit hoher Qualität und Präzision hergestellt werden. Das macht die Module effizient und langlebig.

Die dünnen Schichten haben den Vorteil, dass sie flexibel und leicht sind, was sie für die Integration in verschiedene Anwendungen wie gebogene Oberflächen, Fassaden, Dächer oder tragbarer Geräte geeignet macht. Darüber hinaus können Dünnschicht-Solarzellen bei diffuser Beleuchtung und in hohen Temperaturen besser funktionieren als kristalline Solarzellen.

Die Effizienz von Dünnschicht-Solarzellen ist im Allgemeinen niedriger als bei kristallinen Solarzellen, liegt jedoch, je nach Materialtyp und Herstellungsprozess, immer noch zwischen 10 % und 20 %. Trotzdem sind Dünnschicht-Solarzellen aufgrund ihrer Flexibilität, Leichtigkeit und kostengünstigen Herstellung eine attraktive Option für bestimmte Anwendungen. Die Lebensdauer von Dünnschicht-Solarzellen kann je nach Material und Herstellungsqualität variieren, beträgt jedoch in der Regel nur zwischen 10 und 20 Jahren. Die kontinuierliche Forschung und Entwicklung in diesem Bereich zielt darauf ab, die Effizienz und Haltbarkeit von Dünnschicht-Solarzellen weiter zu verbessern und ihre Anwendungsmöglichkeiten zu erweitern.

Organische Solarzellen

Im privaten Gebrauch ist die organische Photovoltaik (OPV) weitestgehend unbekannt. Doch mittlerweile arbeiten weltweit Forschungsteams an der Weiterentwicklung und es soll „DIE“ Zukunftstechnologie bei der solaren Stromerzeugung werden. Ständige neue Effizienz-Rekorde bestätigen ihren Erfolg. Natürlich handelt es sich dabei um Werte unter optimalen Testbedingungen, die Steigerung des Wirkungsgrades ist jedoch deutlich zu erkennen. Zwar kommen die organischen Solarzellen nur im Labor zum Einsatz, trotzdem möchten wir Ihnen diese Technologie ein Stück näherbringen und vielleicht schon einmal einen Ausblick in die Solare Zukunft geben.

Erstmals im Jahr 2014 präsentierte das Fraunhofer ISE ein Solarmodul aus flexibler organischer Photovoltaik mit 6 m Länge und 50 cm Breite. Es ist dem Institut gelungen, die OPV (englisch: Organic Photo Voltaics) auf eine Gewebemembran zu integrieren. Mit OPV werden alle Techniken mit Solarzellen bezeichnet, die auf Kohlenwasserstoffen basieren. Dazu zählen

1. **organische Feststoff-Solarzellen**, *Organic Solar Cells,* abgekürzt OSC. Weitere verwendete Namen dafür sind Plastiksolarzellen und Kunststoffsolarzellen;

2. **organische Farbstoff-Solarzellen**, bezeichnet als DSC, *Dye Sensitized Cells*, oder als DSSC, *Dye Sensitized Solar Cells*. Sehr häufig werden sie nach ihrem Erfinder auch Grätzel-Zellen genannt.

In der Praxis werden die Begriffe OPV und OSC kaum unterschieden, da in der organischen PV meistens Feststoff-Solarzellen eingesetzt werden. Um die Sonnenenergie in elektrische Energie umzuwandeln, sprechen wir im Folgenden nur über OPV. Aber wie werden diese hergestellt?

Bei herkömmlichen (anorganischen) Solarzellen besteht die Absorberschicht nur aus einem Material: in den meisten Fällen kristallines Silizium. Die organischen Solarzellen werden dagegen mit einem Materialgemisch beschichtet. Das für die Stromerzeugung benötigte Donor-Akzeptor-Prinzip findet in einer organischen Solarzelle dadurch mehrfach statt.

Donor-Akzeptor-Prinzip: Das Donor-Akzeptor-Prinzip in einer Solarzelle bezieht sich auf die Verwendung von Materialien, die Elektronen entweder abgeben (Donor) oder aufnehmen (Akzeptor) können, um eine effiziente Umwandlung von Sonnenlicht in elektrische Energie zu ermöglichen. n einer Solarzelle wird das Sonnenlicht absorbiert und erzeugt Elektron-Loch-Paare. Der Donor gibt dann Elektronen ab, während der Akzeptor diese Elektronen aufnimmt. Durch diesen Prozess entsteht ein elektrischer Strom, der genutzt werden kann. Das Donor-Akzeptor-Prinzip ist entscheidend für die Leistungsfähigkeit von organischen Solarzellen und anderen Arten von Dünnschicht-Solarzellen.

Die Beschichtung mit dem Donor-Akzeptor-Materialgemisch kann entweder als Lösung aufgesprüht, im Tintenstrahldruckverfahren aufgedruckt werden oder durch Sublimation besonders dünne Schichten erreichen. Dabei gelangt das feste Material ohne vorherige Verflüssigung auf den Träger direkt als gasförmiger Stoff. Zur Funktionalisierung des Trägers wird häufig das sogenannte Rolle-zu-Rolle-Verfahren angewendet.

Eine weitere Art der OVP ist die Grätzel-Zelle. Sie ist nach ihrem Erfinder Michael Grätzel benannt. 1991 entdeckte er die Nützlichkeit organischer Farbstoffe bei der Umwandlung von Licht in elektrische Energie und ließ sich die Solarzelle ein Jahr später patentieren. Die Funktionsweise der *Dye Sensitized Solar Cells* (Grätzel-Zelle) ist nicht grundlegend anders als bei den oben beschriebenen Solarzellen. Nur die Beschichtung der Halbleiter unterscheidet sich und besteht aus organischem Farbstoff.

Giftfreie Solarzellen zu entwickeln, ist auch hier das Ziel der Forschung. Das ist bei den herkömmlichen Zellenkomplexen noch lange nicht der Fall, sie enthalten toxische Farbstoffe oder auch Rohstoffe wie Ruthenium oder Kobalt im Halbleiter.

Ruthenium: Ruthenium ist ein chemisches Element mit dem Symbol Ru und der Ordnungszahl 44 im Periodensystem der Elemente. Es gehört zur Gruppe der Platinmetalle und ist ein seltenes Übergangsmetall. Ruthenium hat eine silberweiße Farbe, ist hart, spröde und besitzt eine hohe Dichte. Ruthenium wird hauptsächlich als Katalysator in chemischen Reaktionen eingesetzt, insbesondere in der Petrochemie und bei der Herstellung von Pharmazeutika. Es wird auch in der Elektronikindustrie für die Herstellung von Halbleitern und in der Schmuckherstellung verwendet, da es korrosionsbeständig ist. Aufgrund seiner Seltenheit und seiner vielfältigen Verwendungsmöglichkeiten hat Ruthenium einen hohen wirtschaftlichen Wert. Ruthenium wird oft zusammen mit anderen Platinmetallen wie Platin, Palladium und Rhodium abgebaut und gewonnen. Es ist ein wichtiger Rohstoff für verschiedene Hightech-Anwendungen und spielt eine bedeutende Rolle in der modernen Industrie.

Kobalt: Kobalt ist ein chemisches Element mit dem Symbol Co und der Ordnungszahl 27 im Periodensystem der Elemente. Es ist ebenso ein silberweißes Metall, das in der Natur häufig in Verbindung mit anderen Elementen wie Nickel und Kupfer vorkommt. Kobalt wird hauptsächlich als Legierungselement verwendet, um die mechanischen Eigenschaften von Metallen zu verbessern. Kobalt findet breite Anwendung in verschiedenen Industriezweigen, darunter die Herstellung von Batterien (insbesondere Lithium-Ionen-Batterien), Legierungen für die Luft- und Raumfahrt, Schmuckherstellung, Farben und Pigmente sowie Bereiche der Medizin (z. B. als Bestandteil von Vitamin B12). Aufgrund seiner vielfältigen Verwendungsmöglichkeiten und seines steigenden Bedarfs in der Elektromobilität und in erneuerbaren Energien ist Kobalt sehr wertvoll. Allerdings gibt es auch Bedenken hinsichtlich der Umweltauswirkungen des Kobaltabbaus sowie der sozialen Probleme in den Förderländern, insbesondere im Zusammenhang mit Kinderarbeit und Arbeitsbedingungen.

Die Fachhochschule in Bielefeld forscht deshalb an dem Einsatz pflanzenbasierter Farbstoffe, wie zum Beispiel Hibiskusblüten, um eine zirkuläre Farbstoffzelle zu entwickeln. Für den Halbleiter wird Titandioxid verwendet, welches auch in der Zahnpasta zu finden ist. Das Ziel dabei ist, alle Werkstoffe wiederverwenden zu können, um eine zirkuläre Wertschöpfung zu erreichen. Anstatt eines „Müll-Konzeptes" soll „Circular Economy" betrieben werden.

Dass der Weg bis dahin noch lang sein kann, zeigt uns die Wirtschaftlichkeit der OVP. Der Wirkungsgrad ist noch weit entfernt von den herkömmlichen Solarzellen und auch die Lebensdauer ist noch zu gering. Die Wiederverwendung der Stoffe ist natürlich möglich, die Umsetzung muss sich aber auch noch lohnen. Die Geschwindigkeit bei dieser Entwicklung zeigen die nächsten Forschungsergebnisse.

Im Mai 2023 meldete ein Team einer Universität in Hongkong die Messung eines Wirkungsgrades von 19,31 %. Die FH Bielefeld testet eine komplett textilintegrierte und völlig ungiftige Naturfarbstoff-Solarzelle. Die Lebensdauer soll bis zu 10 Jahre betragen. Auch das immer bessere Verständnis des Ladungstransports hilft bei der Entwicklung und der besseren Nutzung dieser Technologie.

Selbst wenn sich die Testwerte nicht exakt auf die praktische Umsetzung übertragen lassen, die Vorzüge der organischen Photovoltaik sind so enorm, dass sie die schweren Silizium-Module wahrscheinlich in Zukunft verdrängen werden. Hier ein kleiner Ausblick der Vorteile:

1. energieeffiziente und damit kostengünstige Herstellung
2. sehr geringer Materialbedarf
3. gutes Schwachlichtverhalten durch breites Lichtspektrum
4. geringes Gewicht und damit Eignung für Hallen in Leichtbauweise
5. biegsame Struktur sorgt für Bruchsicherheit
6. optische Unauffälligkeit durch Transparenz
7. einfaches Aufkleben und damit geringe Installationskosten
8. freie Wahl der Installationsfläche durch flexible Struktur
9. Umweltverträglichkeit, da die strengen Auflagen der EU-Richtlinie 2002/95/EG (RoHS) den Einsatz gefährlicher Stoffe verhindern

Allerdings verhindern die folgenden Nachteile noch die breite Nutzung:

1. Durch den geringen Wirkungsgrad wird eine große Fläche benötigt. Nur dann wird die organische Solarfolie rentabel.
2. Viele der bisher ausprobierten organischen Verbindungen werden durch das Sonnenlicht zersetzt. Daher sind Stabilität und Lebensdauer noch zu gering.

Neben den ökologischen und ökonomischen Vorteilen bieten die OPV-Folien ein viel breiteres Einsatzspektrum gegenüber den klassischen Modulen. Die Installation könnte unter anderem

1. auf Dächern mit geringer Tragfähigkeit oder gewölbter Oberfläche,
2. auf Dächern von Wohnmobilen, Wohnwagen und Campingzelten,
3. an Fassaden, Vorbauten, Balkonbrüstungen und Stellwänden,

4. auf ungenutzten Fahrzeugflächen wie dem Dach eines Bootes oder Elektrofahrzeugs,
5. in transparenter Variante auch auf Fensterscheiben,
6. als Plane zum Beispiel auf Swimmingpools,
7. an der Bildschirmoberseite eines Laptops,
8. bei Transparenz auch direkt auf Displays sowie
9. an der Wanderausrüstung, wie beispielsweise der Rucksackfront,

erfolgen. Zusammengefasst ermöglicht die organische Solarzelle eine leichte und kostengünstige Herstellung. Durch ihre Flexibilität können sie sowohl auf feste als auch auf flexible Träger aufgetragen werden. Sobald die Forschung dafür das perfekte Material gefunden hat, welches mit der größten Stabilität, dem geringsten Widerstand und der längsten Lebensdauer ausgestattet ist, um die entsprechenden Wirkungsgrade zu erzielen, werden die Folienmodule sowohl die schweren kristallinen Module als auch die Dünnschicht-Module mit Sicherheit ablösen.

Wechselrichter

Die Solarzellen produzieren systembedingt Gleichstrom. Um diesen entweder selbst nutzen oder ihn in das öffentliche Netz einspeisen zu können, werden deshalb unbedingt Wechselrichter benötigt, deren hauptsächliche Aufgabe die Umwandlung von Gleichstrom in Wechselstrom ist.

Die erste Unterscheidung erfolgt in Inselwechselrichter und Modulwechselrichter für netzgekoppelte Anlagen. Ein weiterer Unterschied besteht in Wechselrichtern mit oder ohne Trafo. Schließlich unterscheiden sie sich in der Größe bzw. darin, wie viele Module oder Strings daran angeschlossen werden können.

1. Inselwechselrichter

Da ein Inselwechselrichter seinen Gleichstrom direkt aus den Modulen oder aus der Batterie bezieht, muss er auf deren Leistung abgestimmt werden. Gleichzeitig muss darauf geachtet werden, dass die Ausgangsleistung für die angeschlossenen Geräte ausreichend ist und sie mit dem benötigten Wechselstrom versorgt werden können.

2. Modulwechselrichter für netzgekoppelte Anlagen

Diese Wechselrichter werden zwar nur mit je einem Solarmodul verbunden, dies kann aber trotzdem sinnvoll bei kleineren Anlagen sein, die unterschiedlich ausgerichtet sind und verschiedene Leistungen haben. Dadurch kann eine individuelle Optimierung erreicht werden.

3. Stringwechselrichter für netzgekoppelte Anlagen
Um Kosten bei kleineren bis mittelgroßen Photovoltaikanlagen zu sparen, werden meistens Stringwechselrichter eingebaut. Dabei werden mehrere Solarmodule in Reihe zu einem Strang geschaltet und mit einem Wechselrichter verbunden. Bei mehreren Strängen werden mehrere Stringwechselrichter benötigt. Tritt jedoch bei einzelnen Modulen eines Strangs eine Verschattung auf oder sind sie unterschiedlich ausgerichtet, können beim gesamten Strang Leistungsverluste auftreten.

4. Multistringwechselrichter für netzgekoppelte Anlagen
Sind die Module parallelgeschaltet, ist der Multistringwechselrichter bei mittleren und großen Anlagen die preisgünstigste Lösung. Auch hier laufen die Strings in einem Wechselrichter zusammen, die Leistung wird jedoch durch den Einsatz von MPP-Trackern (Maximum Power Point) optimiert.

5. Zentralwechselrichter für netzgekoppelte Anlagen
Liegen bei Großanlagen die gleiche Neigung und Ausrichtung vor, wird dafür in der Regel ein Zentralwechselrichter genutzt. Er erzielt sehr gute Wirkungsgrade und lässt sich besonders gut warten.

Stellt sich jetzt nur noch die Frage, ob die Anlage mit Trafo oder trafolos betrieben werden soll. Diese Frage wurde indirekt bereits durch die Marktentwicklung beantwortet. Die meisten Geräte sind trafolos, da sie einen besseren Wirkungsgrad haben (98 % zu 95 %), günstiger und leiser sind. Auch die Installation ist einfacher, muss aber nach Schutzklasse II erfolgen, um sie besser vor Überspannung zu schützen.

Bei der Wahl des Wechselrichters müssen Sie nicht nur über die Art, sondern eventuell auch über die Anzahl entscheiden. Hier gibt es erst einmal kein Richtig oder Falsch, es ist eher eine Geschmacksache. Eines steht fest: Je weniger Wechselrichter vorhanden sind, desto günstiger ist die Anlage. Außerdem ist die Montage inkl. Verkabelung einfacher und evtl. ist der Platzbedarf geringer. Ein Defekt kann dadurch auch schneller bemerkt und gefunden werden. Bei mehreren Wechselrichtern fällt dafür aber nicht die gesamte Anlage aus. Befinden sich die Module auf mehreren Gebäuden, wie z. B. zusätzlich auf der Garage oder dem Gartenhaus, können Sie das gesamte System mit kleinen Wechselrichtern besser verbinden und optimieren. Was aber letztendlich ertragreicher ist, kann im Voraus nur geschätzt werden. Aber unabhängig davon, ob Sie sich für einen oder mehrere entscheiden: Der Wechselrichter leistet einen entscheidenden Beitrag zur Effizienz der gesamten Photovoltaikanlage. Der in den Solarmodulen erzeugte Strom muss schließlich erst durch den Wechselrichter fließen und in Wechselstrom umgewandelt werden, bevor er von Ihnen verbraucht oder in das öffentliche Netz eingespeist werden kann. Der Wirkungsgrad und die Auslegung spielen dabei eine zentrale Rolle. Da der Wirkungsgrad durch den Hersteller bzw. die technische Qualität des Gerätes vorgegeben wird, kann der Anlagenertrag noch durch die Auslegung des Wechselrichters beeinflusst werden. Dabei sollten Sie die folgenden vier Kriterien betrachten:

1. Eingangsleistung der Solarmodule: Die Leistung des Moduls, des Strings oder des gesamten Solargenerators sollte die maximale Leistung des Wechselrichters nicht übersteigen. Für die Berechnung wird häufig, zwischen der Modulleistung und der Nennleistung des Wechselrichters, der Faktor von 0,9 bis 1,2 genutzt.

2. Maximale Modulanzahl: Die gemeinsame Leistung der angeschlossenen Module und ebenso die Leerlaufspannung dürfen die Gleichstrom-Eingangsleistung des Wechselrichters nicht übersteigen. Dabei muss beachtet werden, dass die Spannung bei niedrigen Temperaturen steigt.

3. Minimale Modulanzahl: Da die Wechselrichter erst ab einer bestimmten Spannung anfangen, Strom zu produzieren, müssen mindestens so viele Module angeschlossen werden, damit der untere Bereich der MPP-Spannung des Wechselrichters unter der der Module liegt. Auch hier spielt die Temperatur eine Rolle, denn die Spannung sinkt bei höherer Temperatur.

4. Anzahl paralleler Strings: Die Gesamtheit der Eingangsleistung darf die des Wechselrichters nicht übersteigen, da ansonsten nicht der gesamte Strom umgewandelt und verwendet werden kann.

Für Nichtfachleute ist die Berechnung recht unübersichtlich. Zum Glück bieten viele Hersteller kostenlose Programme, die alle Parameter berücksichtigen. Der beauftragte Solarteur wird dies in der Regel durchführen.

Stromzähler

Um den Stromverbrauch zu messen, hat jeder Haushalt seinen Stromzähler meistens im Keller. Das ist der sogenannte Verbrauchs- oder Bezugszähler. Er ist mit einer Rücklaufsperre versehen und Eigentum des Netzbetreibers. Entscheiden Sie sich für die Installation einer Photovoltaikanlage, muss dieser entweder ausgetauscht oder durch weitere Zähler ergänzt werden.

Einspeisezähler

Spätestens nach dem EEG 2009 sind die Netzbetreiber verpflichtet, den produzierten Solarstrom in das öffentliche Netz einzuspeisen und den Betreibern die Einspeisevergütung auszuzahlen.

EEG 2009 § 8 Abnahme, Übertragung und Verteilung
(1) Netzbetreiber sind vorbehaltlich des § 11 verpflichtet, den gesamten angebotenen Strom aus Erneuerbaren Energien und aus Grubengas unverzüglich vorrangig abzunehmen, zu übertragen und zu verteilen. (2) Die Verpflichtung nach Satz 1 und die Verpflichtungen nach § 4 Absatz 1 Satz 1 und Absatz 4 Satz 2 des Kraft-Wärme-Kopplungsgesetzes sind gleichrangig.

EEG 2023 § 11 Abnahme, Übertragung und Verteilung
(1) Netzbetreiber müssen vorbehaltlich des § 13 des Energiewirtschaftsgesetzes den gesamten Strom aus erneuerbaren Energien oder aus Grubengas, der in einer Veräußerungsform nach § 21b Absatz 1 veräußert wird, unverzüglich vorrangig physikalisch abnehmen, übertragen und verteilen. Macht der Anlagenbetreiber einen Anspruch nach § 19 Absatz 1 Nummer 2 geltend, umfasst die Pflicht aus Satz 1 auch die kaufmännische Abnahme.

Um eine kilowattstundengenaue Abrechnung durchführen zu können, benötigen Sie einen Einspeisezähler. Wie der Name schon sagt, zählt er die eingespeisten Kilowattstunden. Sie können ihn selbst kaufen oder von dem für Sie zuständigen Netzbetreiber mieten. Auch hier sollte schon aus eigenem Interesse eine Rücklaufsperre vorhanden sein. Um die Stromablesung zu vereinfachen, wünschen sich die Netzbetreiber den Einbau des Einspeisezählers entweder im vorhandenen Zählerschrank oder in einem eigenen in der Nähe des bestehenden Zählerschrankes. Einen Pflichtort gibt es zu dem Einbau nicht. Er kann theoretisch überall im Haus erfolgen. Allerdings gibt es eine Pflicht für die Eichung und die technischen Anschlussbedingungen für den Anschluss an das Niederspannungsnetz müssen gemäß TAB 2007 erfüllt werden.

TAB 2007: Sie legen die Anforderungen fest, die erfüllt sein müssen, um eine sichere und zuverlässige Verbindung von Erzeugungsanlagen wie Solarmodulen an das Niederspannungsnetz zu gewährleisten. Einige der technischen Anschlussbedingungen sind:

1. **Spannungsbereich:** Die Erzeugungsanlage muss innerhalb des zulässigen Spannungsbereichs des Niederspannungsnetzes betrieben werden.
2. **Frequenz:** Die Frequenz der Erzeugungsanlage muss mit der Netzfrequenz übereinstimmen.
3. **Blindleistungskompensation:** Die Erzeugungsanlage muss in der Lage sein, Blindleistung bereitzustellen oder aufzunehmen, um die Netzstabilität zu gewährleisten.

4. **Schutzmaßnahmen:** Die Erzeugungsanlage muss über Schutzmaßnahmen verfügen, um bei Störungen im Netz oder in der Anlage selbst sicher abgeschaltet zu werden.

5. **Einspeisemanagement:** Bei Überschreitung bestimmter Einspeiseleistungen müssen Maßnahmen zur Reduzierung der Einspeisung getroffen werden.

Zweirichtungszähler

Der Zweirichtungszähler ist sehr praktisch. Er wird an Stelle des Bezugszählers montiert und vereint seine Funktion mit der des Einspeisezählers. Es muss jedoch darauf geachtet werden, dass der Zähler über alle drei Phasen saldiert. Warum ist das wichtig? Der Strom aus dem öffentlichen Netz kommt meist in drei Phasen an und wird dann im Haushalt in drei Stromkreise aufgeteilt. Die Aufteilung ist individuell und die Stromkreise sind absolut unabhängig voneinander. Hat der Wechselrichter nur eine Phase, ist die Photovoltaikanlage auch nur an einer Phase angeschlossen, die Verbraucher aber an alle drei Phasen. In diesem Beispiel kann es zu falschen Ergebnissen bei den Eigenverbrauchszahlen kommen, da der produzierte Strom nur von den Geräten verbraucht werden kann, die auch an derselben Phase angeschlossen sind. Selbst bei einem dreiphasigen Zähler ist die Abrechnung nicht präzise, da er den Strom zu genau gleichen Teilen auf die Phasen aufteilt, der Bedarf in den einzelnen Stromkreisen meistens aber unterschiedlich ist. Der phasenbezogene Zähler erkennt so etwas nicht automatisch. Anstatt der phasenbezogenen Messung ist eine saldierende Arbeitsweise des Zählers genauer. Dabei werden der Bedarf und die Einspeisung bei allen drei Phasen gemessen und miteinander verrechnet. Die meisten Zähler lassen sich darauf umstellen. Sie können ihn nicht selbst beschaffen. Der Zweirichtungszähler ist Eigentum des Netzbetreibers, welcher dafür eine Bereitstellungsgebühr und oft eine zusätzliche Messgebühr verlangt. Die Gebühren für die Zähler sind vom Netzbetreiber abhängig und liegen zwischen 30 € und 80 € pro Jahr.

Ertragszähler

Der Ertragszähler hat die Aufgabe, den gesamten von der Photovoltaikanlage produzierten Strom zu messen. Der Einbau ist aus wirtschaftlicher Sicht nicht mehr notwendig, da die Vergütung für den eigens verbrauchten Strom weggefallen ist und die neueren Wechselrichter diese Funktion übernommen haben, aber bei bestehenden Anlagen kann er weiterhin genutzt werden, um den Eigenverbrauch zu ermitteln. Auch für die eigene Statistik bezüglich Sonnenstunden oder weiterer Optimierung des Eigenverbrauchs können diese Werte genutzt werden.

Energiespeicher

Aufgrund der, in der Vergangenheit, relativ hohen Einspeisevergütung für den eingespeisten Strom handelt es sich aktuell bei dem Großteil der betriebenen Photovoltaikanlagen immer noch um netzgekoppelte Photovoltaikanlagen. Der Betrieb ist ohne Speicher problemlos möglich. Anders ist es bei den Inselanlagen.

Notwendigkeit von Energiespeichern

Um eine Inselanlage betreiben zu können, benötigen Sie in allen Fällen einen Energiespeicher, da die Produktion des Stromes nicht immer zu 100 % mit dem Strombedarf übereinstimmt. In der Nacht oder bei einer Schlechtwetterperiode kann die Versorgung beispielsweise nur über einen Batteriespeicher sichergestellt werden. Welche Batterietypen es auf dem Markt gibt und wo die Unterschiede liegen, erfahren Sie in den weiteren Ausführungen.

Der Marktführer ist zur Zeit der Lithium-Stromspeicher. Obwohl es die Lithium-Ion-Technologie erst seit 1989 gibt und sie in den Anfängen aufgrund ihres geringen Gewichtes üblicherweise in kleinen Geräten, wie Taschenlampen, eingesetzt wurde, entwickelte sie sich weiter und wird heute aufgrund ihrer Leistungsfähigkeit in fast allen Smartphones als Lithium-Ion-Akku genutzt. Aufgrund dieser Eigenschaften werden diese Akkus auch immer häufiger stationär verbaut.

Als Photovoltaikbatteriespeicher wurden in der Vergangenheit häufig noch Lithium-Cobalt-Oxid-Akkus eingesetzt. Aufgrund ihrer Brand- und Explosionsgefahr werden sie aber durch die neuen Lithium-Eisen-Phosphat-Akkus verdrängt. Sie sind nicht nur leistungsfähiger, sondern haben eine längere Lebensdauer, sind zudem nicht toxisch und damit viel umweltfreundlicher.

Blei-Säure- und Blei-Gel-Akkus hingegen sind schon viel älter und deren Funktionsweise ist vielfach erprobt. Sie kommen in vielen Bereichen vor: Der Einsatz als Starterbatterie in einem Auto ist wohl der bekannteste. Die Funktion ist ebenfalls die eines klassischen Stromspeichers. Als Elektrodenmaterial wird Blei verwendet und als Elektrolyt zumeist Schwefelsäure. Wie der Name schon sagt, liegt bei der Blei-Säure-Batterie das Elektrolyt in flüssiger Form vor, bei einer Blei-Gel-Batterie als Gel oder Vlies. Im Allgemeinen haben die Blei-Säure-Akkus eine längere Lebensdauer, im Vergleich dazu sind die Blei-Gel-Akkus nicht nur wartungsärmer, sondern auch energieeffizienter und lassen sich bei Kälte besser entladen. Als Speicher für die Photovoltaik eignen sich aber beide nicht.

Die Unterschiede zwischen Blei und Lithium finden Sie in der folgenden Tabelle:

	Blei-Akku	Lithium-Ion-Akku
Wirkungsgrad	65 % bis 85 %	85 % bis 98 %
Energiedichte	0,11 MJ/kg	0,65 MJ/kg
Verbrauch	der Elektrolyt wird beim Be- und Entladen langsam aufgebraucht	sehr geringe Abnutzung bei Lade- und Entladezyklen
Nutzungsdauer	ca. 5 bis 7 Jahre	bis zu 20 Jahre
Empfindlichkeit	unempfindlich	empfindlich bei Über- und Tiefenentladung, darum nur mit Laderegler zu verwenden
Einsatzbereiche	Autobatterie	Handyakku, Photovoltaik-Batteriespeicher

Auch bei den Speichersystemen macht die Forschung Fortschritte. Noch relativ unbekannt ist die sogenannte *Redox-Flow-Batterie*. Hierbei wird die Energie nämlich in Flüssigkeiten gespeichert. Die Reaktionspartner zirkulieren in zwei getrennten Kreisläufen, das macht den Aufbau der Batterie deutlich aufwendiger. Es werden Rohrleitungen, mindestens zwei Pumpen und ein Tank benötigt. Der Austausch erfolgt mit Hilfe einer Membran in der galvanischen Zelle. Außerdem sind diese Batterien verhältnismäßig groß und schwer und eignen sich weniger für den Einsatz in elektronischen Geräten oder in Elektroautos. Dafür lassen sie sich beliebig skalieren und sind dadurch umso mehr als Großspeicher für Stromnetze geeignet. Ein weiterer Vorteil ist die Umweltverträglichkeit. Bei der Herstellung werden keine seltenen und giftigen Stoffe wie Lithium verwendet, sondern Vanadium. Dies ist einer der am häufigsten vorkommenden Rohstoffe auf der Erde und lässt sich zudem unproblematisch entsorgen. Der weitere Entwicklungsverlauf wird mit Sicherheit auch weitere Einsatzmöglichkeiten eröffnen.

Energiespeicher in Inselanlagen

Über die Notwendigkeit eines Speichers haben wir bereits geschrieben. Aber was müssen Sie sonst noch beachten?

Die Speicherkapazität ist die zentrale Größe bei einer Inselanlage. Je mehr Strom gespeichert werden kann, desto länger kann die Versorgung bei geringer Sonnenstrahlung aus der Batterie erfolgen. Da die Batteriespeicher sich aber nie komplett entladen sollen, um die Funktionalität und Lebensdauer zu maximieren, ist nicht die nominelle Speicherkapazität entscheidend, sondern die nutzbare Speicherkapazität, sie kann aufgrund der Entladetiefe und des Aufstellungsorts der Batterie deutlich darunterliegen.

Eine weitere technische Größe ist der Wirkungsgrad. Er liegt bei Lithium-Speichern mittlerweile bei etwa 98 % und ist bei dem heutigen Stand der Technik die bessere Wahl. Aber nicht nur beim Wirkungsgrad, sondern auch bei der Nutzungsdauer schneiden diese Speicher sehr gut ab. Bei einer Laufzeit von ca. 10 bis 15 Jahren müssen Sie im besten Fall nur mit einem Wechsel der Speicher rechnen.

Die letzten Faktoren bei Inselanlagen sind die Umgebung und der Standort. Hohe Temperaturschwankungen sollten vermieden werden und z. B. beim Betrieb auf einem Boot sollte natürlich der Wasserschutz beachtet werden.

Energiespeicher in netzgekoppelten Anlagen

Auch bei netzgekoppelten Anlagen gewinnen die Energiespeicher immer mehr an Bedeutung, nicht zuletzt durch die stark gesunkene Einspeisevergütung und die stark gestiegenen Strompreise. Durch den Einsatz eines Speichers kann der Eigenverbrauch auf 60 bis 80 % erhöht und ein Großteil des Netzbezuges eingespart werden. Bei der Auslegung des Speichers wird oft das Augenmerk auf die Maximierung des Eigenverbrauchs gelegt und die Autarkie spielt nur eine untergeordnete Rolle, da im Bedarfsfall immer auf den Strom aus dem öffentlichen Netz zurückgegriffen werden kann und ein hoher Autarkiegrad in den meisten Fällen zur Verringerung der Wirtschaftlichkeit einer Photovoltaikanlage führt.

Als Orientierung können Sie folgende Faustformel verwenden: Pro 1.000 kWh Stromverbrauch pro Jahr werden Solarmodule von ca. 1 kWp Leistung benötigt, pro 1 kWp Leistung der Module mindestens 0,7 kWh Speicherkapazität. Ist im Haushalt ein E-Auto vorhanden oder wird eine Wärmepumpe betrieben, sollte die Speicherkapazität entsprechend erhöht werden. Hilfe bei der Bestimmung gibt Ihnen der folgende Unabhängigkeitsrechner:

https://solar.htw-berlin.de/rechner/unabhaengigkeitsrechner/

Aber nicht nur Sie als Betreiber profitieren von dem Energiespeicher, sondern auch der Netzbetreiber. Denn in Einspeisespitzenzeiten können durch die Speicherung des Stroms die öffentlichen Netze entlastet werden, wodurch weniger neue Leitungen gebaut werden müssen.

Von der Sonne in die Wolke

Eine Weiterentwicklung der Stromspeicherung ist die Strom-Cloud. Für viele Betreiber einer Photovoltaikanlage ist sie eine sinnvolle und wirtschaftliche Art der Stromspeicherung. Dass Sie mit einem Batteriespeicher Ihren Eigenverbrauch auf bis zu 80 % steigern können, haben Sie bereits kennengelernt, ebenso, dass eine vollständige Autarkie möglich, aber nur mit einer überdimensionierten und eher unwirtschaftlichen Gesamtanlage verbunden ist. Um dieses Problem zu beseitigen, haben einige Stromanbieter die sogenannte Strom-Cloud entwickelt. Die Idee dabei ist, den überschüssig produzierten Strom in eine Cloud (englisch: Wolke) zu leiten und bei Bedarf wieder zu entnehmen. So weit, so gut. Aber wie genau funktioniert dieses Modell? Genaugenommen haben sich in der Praxis zwei Cloudmodelle etabliert.

Als Erstes ist hier das Cloudmodell im ursprünglichen Sinne zu nennen, dieses funktioniert relativ einfach. Haben Sie sich für die Nutzung einer „Solar-Cloud“ entschieden, wird Ihr produzierter Strom, den Sie nicht selbst verbrauchen oder speichern können, in eine virtuelle Cloud geleitet. Bei Bedarf kann der Strom aus dieser Cloud entweder von Ihnen, anderen Photovoltaikanlagenbesitzern oder dem Cloud-Anbieter selbst wieder entnommen werden. Dabei wird der Strom jedoch nicht wirklich physisch irgendwo gespeichert, sondern „einfach“ ins öffentliche Netz eingespeist, und die Solarstrommenge wird anhand der Zähler für Sie vermerkt. Dafür erhalten Sie vom Anbieter eine feste Freistrommenge, die von Ihrer Anlagengröße und dem Stromverbrauch abhängen kann. Damit können Sie dann Ihren restlichen Strombedarf real decken. Reicht die zur Verfügung gestellte Menge an Strom nicht aus, müssen Sie den zusätzlichen Teil ganz normal bezahlen. Je nach Anbieter können hier monatliche Abschläge anfallen – oder eben nicht.
Das zweite Modell stellt die Netzstabilität in den Vordergrund und wird Regelenergiekonzept genannt. Durch den mittlerweile hohen Anteil an regenerativen Energien im Stromnetz treten sehr häufig Netzschwankungen auf. Damit die Energiewende gelingt, dürfen diese Energiespitzen nicht verloren gehen, sondern sollten sinnvoll genutzt werden. Deshalb verwenden einige Cloudanbieter die freie Speicherkapazität der Cloudnutzer und leiten diesen Strom, meistens kostenlos, in deren Batteriespeicher. Andere Anbieter können sogar den gespeicherten Strom bei Bedarf wieder aus der Batterie entnehmen. Da dieses Konzept für die Cloudanbieter sehr lukrativ ist, verzichten sie auf mögliche Gebühren.

Da in beiden Fällen der überschüssige Strom den Anbieter zur Verfügung gestellt und bei Bedarf wieder verrechnet wird, muss die Einspeisevergütung, die Sie möglicherweise von dem Netzbetreiber bekommen, an den Cloudanbieter abgetreten werden. Auch wenn die versprochenen 0 € Stromkosten sehr verlockend klingen, muss vor diesem Hintergrund genau berechnet werden, ob sich die Strom-Cloud für Sie lohnt. Denn zum einen pauschalieren die Cloudanbieter aus Kostengründen die Freistrommengen und zum anderen werden häufig die echten Kosten und Konditionen verschleiert. Prüfen Sie deshalb die Verträge ganz genau und entscheiden Sie dann, ob die angebotenen Freistrommengen zu Ihrer Verbrauchssituation und Anlagengröße passen. Um Ihnen die Suche nach einem Anbieter zu erleichtern, stellen wir im Folgenden drei Anbieter mit unterschiedlichen Konzepten vor, damit Sie bei einem Vergleich die wesentlichen Punkte beachten können. Die Anbieter von Strom-Clouds können sowohl Stromanbieter sein als auch Hersteller von Batteriespeichern.

sonnen – sonnenFlat

Der Stromspeicher-Hersteller sonnen (https://sonnen.de/stromspeicher/) bietet das Regelenergiekonzept an. Die sonnenFlat funktioniert folgendermaßen: Sie benötigen eine sonnenBatterie und müssen sich als Mitglied in der sonnenCommunity registrieren. Der überschüssige Solarstrom der sonnenCommunity wird zum Ausgleich von Netzschwankungen genutzt. Dabei kann sonnen sowohl Strom aus den Speichern der Community entnehmen als auch Ihnen den Strom wieder zuführen. Die Nutzer der sonnenFlat erhalten dafür eine Freistrommenge entsprechend ihrem Strombedarf. Wird die Freistrommenge nicht vollständig genutzt, erhalten Sie eine Rückvergütung. Außerdem werden die Mitglieder der Community durch den Verkauf ihres Solarstroms am Energiemarkt zusätzlich durch eine Gewinnbeteiligung entlohnt.

Mit der „sonnenFlat direkt" bietet das Unternehmen nicht nur eine Lösung für neue Photovoltaikanlagen, sondern auch für aus der EEG-Vergütung gefallene Photovoltaikanlagen an. Mit der „sonnenFlat direkt" profitieren die Betreiber der PV-Anlage zum einen von den Entwicklungen am Strommarkt und zum anderen erhalten Sie 10 statt 8,2 Cent pro kWh Vergütung.

SENEC – SENEC.Cloud

Das Modell der SENEC.Cloud ist das einer klassischen Strom-Cloud. Das bedeutet, dass der Strom aus der Cloud und die Speicherkapazität der Nutzer nicht zum Ausgleich von Netzschwankungen verwendet werden. Der monatlich eingespeiste Strom wird bei SENEC (https://www.senec.com/de) virtuell in der Cloud gespeichert. Der Teil des Stromes, der nicht direkt über die Photovoltaikanlage oder den Speicher gedeckt werden kann, kann aus der Cloud wieder entnommen werden. Dafür wird eine entsprechende Rückliefermenge vereinbart, diese beträgt maximal 10.000 Kilowattstunden im Monat. Dafür berechnet SENEC eine monatliche Grundgebühr. Diese kann zwischen 28 und 200 € liegen. Die Einspeisevergütung wird an die SENEC abgetreten.

Entnehmen Sie mehr Strom, als Sie eingespeist haben, wird die bezogene Menge zu marktüblichen Preisen abgerechnet. Speisen Sie aber mehr ein, als Sie wieder entnehmen, bekommen Sie eine Vergütung von SENEC entsprechend der Einspeisevergütung.

Das Besondere an der SENEC-Cloud ist, dass der eigene Solarstrom nicht ausschließlich im eigenen Haus verbraucht werden muss. Als Fahrer eines Elektroautos können Sie Ihr Auto an mehr als 100.000 Ladesäulen mit eigenem Solarstrom laden. Oder Sie nutzen den eigenen Strom für Ihr Ferienhaus. Für diese Unabhängigkeit müssen Sie aber einen Aufpreis bezahlen.

LichtBlick – StromWALLET

Der Stromanbieter LichtBlick (https://www.lichtblick.de/zuhause/solar/stromwallet) bietet das sogenannte „StromWallet" an. Nach dem klassischen Cloud-Prinzip erhalten Nutzer des StromWallets für jede eingespeiste Kilowattstunde Strom ein Guthaben in Höhe einer Kilowattstunde Ökostrom. Dieser Ökostrom kann dann bei Bedarf im Haushalt genutzt werden. Für den Mehrbedarf schließen Sie einen Ökostromvertrag mit LichtBlick ab. Die EEG-Einspeisevergütung wird ebenso beim StromWallet von LichtBlick verwaltet. Als Bonus stellt LichtBlick für Kunden des StromWallets ein Smart-Meter zur Verfügung.

Hier finden Sie das Ganze übersichtlich in einer Tabelle zusammengefasst:

	sonnenFlat	**SENEC-Cloud**	**LichtBlick StromWallet**
Verbesserung von Netzstabilität	Ja	Nein	Nein
Monatliche Gebühr	Nein	Ja	normaler Stromvertrag
Abtretung der Einspeisevergütung	Nein	Ja	Ja, die Einspeisevergütung wird in Ökostromguthaben umgewandelt
Gewinnbeteiligung	Ja	Nein	Nein
Ortsunabhängige Freistrommenge	Nein	Ja	Ja, eingespeiste Menge wird in Freistrom umgewandelt
Unabhängige Herstellerwahl	Nein, sonnenBatterie verpflichtend	Nein, SENEC.Home-Speicher verpflichtend	Speicher und Wechselrichter frei wählbar

Auch gilt, wer die Wahl hat, hat die Qual. Ein einfacher Vergleich sieht mit Sicherheit anders aus, aber wo gibt es den schon? Wie bei den meisten Verträgen gibt es auch hierbei keine allgemeingültige Empfehlung. Vielmehr sind der individuelle Stromverbrauch und das Stromnutzungsverhalten die entscheidenden Faktoren für oder gegen eine Strom-Cloud. Genaue Prüfung der Verträge und vorausschauendes Planen des Strombedarfes können Fehlentscheidungen vorbeugen.

Ein Blick in die Zukunft: Das Elektroauto als Stromspeicher

Eine Möglichkeit, unabhängiger vom Energieversorger zu werden, ist die Nutzung des Elektroautos als Stromspeicher. Die Nachfrage nach großen Batterien ist in den letzten Jahren stark gestiegen, aber die Kosten sind immer noch hoch – zwischen 750 und 1.200 € pro Kilowattstunde. Da der Preis pro Kilowattstunde bei größeren Batterien sinkt, stellt sich die Frage: Warum nicht das eigene Elektroauto als zusätzlichen Stromspeicher nutzen?

Ihr Elektroauto kann tagsüber überschüssigen Strom von Ihrer Photovoltaikanlage speichern und diesen bei Bedarf an elektrische Geräte, das Hausnetz oder sogar das öffentliche Stromnetz abgeben. Diese Technologie, bekannt als bidirektionales Laden, gibt es bereits und Experten sehen darin einen Schritt hin zu mehr Energiesicherheit und Stabilität. Autobatterien könnten helfen, die schwankende Energieproduktion aus erneuerbaren Quellen auszugleichen.

Beim bidirektionalen Laden kann der Strom in zwei Richtungen fließen: Er wird zunächst in die Autobatterie geladen und bei Bedarf wieder abgegeben. Dies ist ähnlich wie bei Laptops und Powerbanks, die Strom speichern und bei Bedarf abgeben. Allerdings fahren Elektroautos mit Gleichstrom (DC), während Haushaltsgeräte Wechselstrom (AC) benötigen. Deshalb muss der Wechselstrom beim Laden in Gleichstrom umgewandelt werden, was ein Gleichrichter übernimmt. Soll der Strom wieder genutzt werden, braucht man einen Wechselrichter.

Zurzeit existieren dazu drei Varianten: V2L, V2H, V2G

1. Vehicle-to-Load (V2L): Auch als Vehicle-to-Device (V2D) bekannt, ermöglicht diese Variante, elektrische Geräte direkt an eine Steckdose im Auto anzuschließen. Dies ist besonders praktisch für Camper, Handwerker oder für unterwegs. Einige Autos haben bereits diese Funktion, die im Bedarfsfall auch durch den Verbrennungsmotor wieder aufgeladen werden kann.

2. Vehicle-to-Home (V2H): Hierbei gibt das E-Auto Energie an das Hausnetz ab. Wenn das Auto an eine Wallbox angeschlossen ist, kann es bei Bedarf, zum Beispiel nachts oder bei schlechtem Wetter, Strom für den Eigenverbrauch liefern.

3. Vehicle-to-Grid (V2G): Dies ist die fortschrittlichste Option. Das E-Auto kann den gespeicherten Strom ins öffentliche Netz einspeisen. Viele E-Autos könnten so zu einem großen „virtuellen Kraftwerk" zusammengeschaltet werden, um zur Netzstabilisierung beizutragen.

Damit das bidirektionale Laden reibungslos funktioniert, müssen einige Voraussetzungen erfüllt sein. Zunächst muss das Eigenheim über ein intelligentes Energiemanagementsystem verfügen. Dies stellt sicher, dass der von der PV-Anlage produzierte Strom optimal genutzt und überschüssige Energie in der Autobatterie gespeichert wird. Die Kommunikation zwischen Haus und Auto muss abgestimmt sein, damit die Energie bedarfsgerecht abgerufen werden kann.

Eine wichtige Norm dafür ist die ISO 15118-20, die im April 2023 veröffentlicht wurde und die Kommunikation zwischen E-Auto und Ladegerät regelt. Sie beschreibt unter anderem Sicherheitsanforderungen und neue Energieübertragungsmodi.

Die ISO-Norm 15118 legt die Grundlagen der Ladekommunikation für das in Europa und den USA weit verbreitete Combined Charging System (CCS) fest. CCS verwendet die gleiche Steckverbindung (CCS-Type-2) sowohl für das Laden mit Wechselstrom (AC) als auch für das Schnellladen mit Gleichstrom (DC). Moderne Elektrofahrzeuge unterstützen in der Regel ISO 15118-2, die erste Generation dieser Norm, welche fünf Teildokumente umfasst. Die im April 2022 veröffentlichte ISO 15118-20, die Anforderungen an Netzwerk- und Anwendungsprotokolle beschreibt, gehört zur zweiten Generation und war ein zentrales Thema des Vector-E-Mobility-Symposiums 2023 in Stuttgart. Diese neue Version ersetzt ISO 15118-2 und bringt Änderungen in den Bereichen der Energieübertragungsmodi, der physischen Schicht (Physical-Layer) und der Sicherheit. Neue Energieübertragungsmodi umfassen neben dem bereits bekannten Bidirectional Power Transfer (BPT) auch Wireless Power Transfer (WPT) und Automatic Connecting Device Pantograph (ACD-P). Für die drahtlose Kommunikation wird WLAN nach IEEE 802.11n verwendet. Zudem ist in ISO 15118-20 immer eine TLS-Verschlüsselung mit gegenseitiger Authentifizierung nach TLS 1.3 für die Ladekommunikation erforderlich, unabhängig davon, ob Plug and Charge (PnC) genutzt wird oder nicht.

Es wäre zu einfach, wenn die Produzenten von Wallboxen, E-Autos und Energiemanagementsystemen gleiche und damit miteinander kompatible Produkte verwenden würden. Diese Aufgabe muss allerdings erst bewältigt werden. Nicht zuletzt müssen rechtliche Fragen geklärt werden. E-Autos gelten derzeit als Fortbewegungsmittel und nicht als Batteriespeicher, was zusätzliche rechtliche Vorgaben mit sich bringen könnte. Auch die Frage der

Versteuerung von eingespeistem Strom ist noch offen, besonders wenn der Strom kostenlos beim Arbeitgeber geladen wird.

Ob sich diese Technik durchsetzen wird, ist noch ungewiss. Die zurzeit noch hohen Kosten sowohl bei den Automobilherstellern als auch auf der Seite der Wallboxen sind durch den Nutzen noch nicht attraktiv genug. Dafür müssen nicht zuletzt auch von der Politik weitere Anreize und Verbesserungen geschaffen werden.

Weitere Komponenten

Zu einer leistungsstarken Photovoltaikanlage gehört aber noch mehr. Neben dem „Stromtransport" gehören die Überwachung und die Sicherheit zu den festen Bestandteilen der Anlage und sollten mindestens genauso geprüft und bedacht werden wie die übrigen Komponenten.

1. Verkabelung
Nicht nur die richtige Verkabelung der Geräte, sondern auch die richtigen Kabel sind für einen wirtschaftlichen und sicheren Betrieb einer Photovoltaikanlage notwendig. Insbesondere bei den Kabeln im Außenbereich sollten Sie auf spezielle und zertifizierte Solarkabel achten, da hier zusätzliche witterungsbedingte Belastung besteht. Kabelkanäle schützen die Kabel zusätzlich vor Mardern oder anderen Nagetieren.

2. Kabel für Gleichstrom
Bei der Wahl des Kabels zwischen den Modulen und des Wechselrichters spielt eine Größe die entscheidende Rolle: die Länge. Je weiter die Entfernung zum Wechselrichter ist, desto größer muss der Querschnitt des Kabels sein, ansonsten drohen hier Leitungsverluste. Auch hierzu gibt es Programme für die Berechnung des richtigen Querschnitts.

Solarkabel-Querschnitt-Rechner

3. Kabel für Wechselstrom
Oftmals ist die Entfernung zwischen Wechselrichter und Einspeisepunkt nicht sehr groß, dennoch sollte auch hier auf den entsprechenden Querschnitt der Kabel geachtet werden.

4. Fernsteuerung
Die Fernsteuerung, Abschaltung oder Reduzierung der Einspeisemenge der Anlagen dient dem Schutz vor Überlastung des öffentlichen Stromnetzes und wurde im EEG 2023 neu geregelt. Bei bestehenden Anlagen bis 7 kWp und neuen Anlagen bis 25 kWp ist keine Fernsteuerung mehr notwendig. Die Anlagen zwischen 25 kWp und 100 kWp müssen mit einem sogenannten Funkrundsteuerempfänger ausgestattet werden.

5. Datenlogger
Moderne Wechselrichter sind mit Datenloggern (prozessgesteuerten Speichereinheiten) ausgestattet und ermöglichen eine umfangreiche Überwachung der Photovoltaikanlage. Sie können nicht nur den produzierten und verbrauchten Strom aufzeichnen, sondern durch zusätzlich installierte Sensoren Temperatur und Strahlungsmenge messen und diese über entsprechende Programme graphisch darstellen. Über einige Datenlogger können die Anlagen per Laptop oder Smartphone gesteuert werden und verfügen zudem über eine Alarmfunktion, die bei Störung der Anlage eine SMS an den Betreiber sendet und damit die Ausfallzeiten deutlich verkürzt.

6. Blitzschutz
Um die teure Investition zu schützen, sollten Sie keinesfalls an einem Blitzschutz sparen. Hierbei wird zwischen einem äußeren Blitzschutz, der die Anlage generell vor einem Blitzeinschlag schützen soll, und einem inneren Blitzschutz unterschieden. Letzterer schützt die Wechselrichter und die Verkabelung, indem besondere Photovoltaik-Ableiter einen Potenzialausgleich sicherstellen.

Beim Abschluss einer Photovoltaikversicherung verlangen bereits manche Versicherungsgesellschaften einen Nachweis über einen solchen Blitzschutz.

7. Feuerwehrschalter
Da die Module, solange eine Strahlung vorhanden ist, permanent Strom produzieren, kann es unter Umständen natürlich auch zu einem Brand kommen. Das macht die Löscharbeiten für die Feuerwehrleute besonders gefährlich. Durch die Installation eines Feuerwehrschalters kann die gesamte Anlage stromlos geschaltet werden. Zusätzlich empfiehlt der Bundesverband Solarwirtschaft e. V. (BSW) das Anbringen von Hinweisschildern für die Feuerwehrleute, dass eine PV-Anlage auf dem Dach installiert ist.

An dieser Stelle möchten wir Ihnen noch ein weiteres Gerät vorstellen. Seine Funktion kann Einfluss auf die unterschiedlichen Bestandteile einer Photovoltaik haben. Ob der Einsatz Sinn macht und wie er genau funktioniert, erfahren Sie in den folgenden Ausführungen. Die Rede ist von einem **PV-Optimierer**.

Die PV-Optimierer, oder auch Leistungsoptimierer genannt, werden dazu verwendet, die Leistung einer PV-Anlage zu steigern. Die Aufgabe des Optimierers ist zum einen, die höchstmögliche Leistung eines Moduls (MPP) zu ermitteln, und zum anderen, die Leistung der einzelnen Module unabhängig von den der Nachbarmodule zum Wechselrichter weiterzuleiten. Denn gerade bei in Reihe geschalteten Modulen reduziert sich die Leistung des gesamten Strings auf die niedrigste Leistung des zu diesem Zeitpunkt „schwächsten" Moduls. Das passiert sehr häufig, wenn die Solarmodule unterschiedliche Neigungswinkel haben oder, wie z. B. bei einem Bungalow, eine unterschiedliche Ausrichtung vorliegt. Auch Verschattungen können zu einer Reduzierung der Leistung führen. Um das zu verhindern, werden die PV-Optimierer auf der Rückseite jedes Moduls mit den vorhandenen Steckern verbunden und separieren die Module praktisch voneinander ab. Dadurch produziert jedes Modul die ihm maximale mögliche Leistung. Die Hauptvorteile der Geräte sind:

1. Mehr Ertrag: Der Einsatz der Leistungsoptimierer kann den Ertrag der Anlage um bis zu 25 % steigern. Je mehr eine PV-Anlage von den optimalen Bedingungen abweicht, desto sinnvoller und effizienter ist der Einsatz dieser Geräte.

2. Bessere Überwachung: Smarte Optimierer können die Leistungswerte an Smartphones oder andere Programme senden und so nicht nur während eines normalen Betriebes die Schwachpunkte offenlegen, sondern gerade bei einem Defekt die Fehlersuche ungemein beschleunigen.

3. Mehr Sicherheit: Spezielle Funktionen steigern den Schutz vor einem Brand der Solarmodule und können das Gefahrenpotenzial für Feuerwehrleute reduzieren.

Bei der Installation sollten Sie aber nicht nur den Preis von ca. 30 bis 60 € pro Gerät und die zusätzlichen Kosten für den Einbau im Auge haben, da der Strombedarf der Optimierer bis zu 1 % des produzierten Stroms verbrauchen kann. Abschließend gesagt lohnt sich der Einsatz nicht, wenn Ihre Anlage optimal ausgerichtet ist und die Module alle denselben Neigungswinkel haben.

CHECKLISTE „PHOTOVOLTAIK-TECHNIK"

Komponenten einer Photovoltaikanlage

☐ Welchem Zweck dient die Anlage? Wollen Sie mit Ihrer Anlage Stromkosten sparen (netzgekoppelte Anlage) oder so stark wie möglich autark von der öffentlichen Versorgung sein?

☐ Sind weitere Stromerzeuger vorhanden, z. B. Windräder, Dieselmotoren? Richten Sie auch Ihre Speicherkapazität entsprechend danach aus.

☐ Sind alle Bestandteile der Inselanlage vorhanden? Denken Sie an Solarmodule, Wechselrichter, Montagesystem, Verkabelung, Laderegler und Speicher.

☐ Sind alle Bestandteile der netzgekoppelten Anlage vorhanden? Wichtig sind Solarmodule, Wechselrichter, Montagesystem, Verkabelung, Zähler, Fernsteuerung, Speicher und Schutzeinrichtung.

Solarmodule

Wichtige Fragen bei der Auswahl der Module:

☐ Welcher Wirkungsgrad ist sinnvoll? Hier ist der Unterschied zwischen monokristallinen, polykristallinen und Dünnschicht-Modulen zu beachten. Überprüfen Sie, welche Module das beste Preis-Leistungs-Verhältnis bieten.

☐ Wie ist die Leistungstoleranz? Je geringer die Toleranz, desto stabiler und besser funktionieren die Module.

☐ Wie ist der Temperaturkoeffizient? Dies ist bei in das Dach integrierten Modulen wichtig.

☐ Wie groß ist die nutzbare Fläche? Die Größe ist evtl. entscheidend für die Modulart und die Gesamtkosten. Dachaufbauten und mögliche Verschattungen können die Fläche deutlich reduzieren.

☐ Wie hoch ist der Preis? Bessere Qualität erhöht in der Regel die Kosten, verlängert aber auch die Lebensdauer.

☐ Ist das Design wichtig? Optische Unterschiede bei den Modulen sind vorhanden.

☐ Haben die Module einen Rahmen? Mit Rahmen sind diese stabiler, jedoch auch schmutzanfälliger. Bei einem flacheren Dach sind Sie ohne Rahmen besser beraten.

Wechselrichter

☐ Wie ist der Wirkungsgrad? Je höher, desto besser. Achten Sie auf den Europäischen Wirkungsgrad (Effizienz unter europäischen klimatischen Bedingungen).

☐ Wie ist die Nennleistung? Dies hängt von der Leistung der Module ab und sollte darauf abgestimmt werden.

☐ Wie viele Wechselrichter? Dies ist abhängig von der Größe, Ausrichtung und Lage der Solarmodule. Durch mehrere Wechselrichter können Sie die Leistung optimieren.

☐ Sind Datenlogger vorhanden? Meistens sind sie im Wechselrichter enthalten. Nutzen Sie die Daten, um den Verbrauch zu optimieren.

☐ Welcher Standort ist möglich? Wenn möglich, sollte dieser an einem kühlen, dunklen Ort sein.

☐ Ist ein Trafo vorhanden? Dünnschicht-Module benötigen einen Wechselrichter mit Trafo.

Zähler

☐ Wie ist die Messung? Achten Sie auf eine saldierende Messung.

☐ Sollten Sie einen Einspeisezähler kaufen? Vergleichen Sie die aktuellen Preise dazu.

☐ Wird ein Zweirichtungszähler benötigt? Dieser ist vom Netzbetreiber zu mieten.

☐ Wird ein Ertragszähler benötigt? Diese Funktion ist meistens im Wechselrichter vorhanden.

Speicher

☐ Welcher Speicher wird benötigt? Aktuell sind Lithiumbatterien am besten geeignet, Autobatterien dagegen nicht. Die Größe sollte sich nach Ihrem Verbrauch richten.

Sonstige Bestandteile

☐ Welche Verkabelung sollten Sie verwenden? Nutzen Sie Programme zur Orientierung, um einen Kompromiss zwischen Preis und Querschnitt zu finden.

☐ Ist ein Blitzschutz bereits vorhanden? Diesen sollten Sie in Ihre Photovoltaikanlage integrieren, ansonsten ist ein Blitzschutz einzurichten.

☐ Ist ein Feuerwehrschalter vorhanden? Ansonsten sind ein Feuerwehrschalter und Hinweisschilder anzubringen.

Risiken

1. Brandgefahr: Eine PV-Anlage kann aufgrund von Kurzschlüssen oder Überhitzung in Brand geraten. Die häufigste Fehlerquelle ist die nicht fachgerechte Verkabelung.

2. Elektrische Gefahr: Bei unsachgemäßer Installation oder Wartung können elektrische Schläge und Kurzschlüsse auftreten.

3. Sturmschäden: Starke Winde können die PV-Module beschädigen oder sogar vom Dach reißen. Dabei kann es zu Sach- und Personenschäden kommen.

4. Diebstahl: PV-Anlagen sind teuer und daher attraktiv für Diebe. Dabei können zusätzlich Gebäudeteile beschädigt werden.

5. Ausfall der Anlage: Technische Probleme und Verschleiß können dazu führen, dass die PV-Anlage nicht mehr ordnungsgemäß funktioniert und somit Ertragsausfälle verursacht.

6. Haftungsrisiko: Im Falle eines Unfalls oder Schadens durch die PV-Anlage kann der Betreiber haftbar gemacht werden.

Die meisten Risiken können durch den Abschluss einer Versicherung abgedeckt werden.

Toxizität

Häufig besteht eine gewisse Giftigkeit, deshalb gehören PV-Module nicht in den Restmüll. Giftige Substanzen können über längere Zeiträume aus den Solarmodulen ausgewaschen werden (englisch „leaching"), wenn das Deckglas gebrochen, die Versiegelung am Rand beschädigt oder das Modul fragmentiert ist [IPV]. Die Auswaschrate hängt insbesondere ab von dem pH-Wert und der Temperatur. Wegen der genannten Risiken gehören ausrangierte PV-Module weder in den Restmüll noch auf Mülldeponien. Beschädigte Module sollten ebenfalls nicht über längere Zeit dem Wetter ausgesetzt bleiben.

Waferbasierte Module

Module auf Basis von Siliziumwafern (über 90 % Marktanteil) enthalten häufig zusätzlich noch Blei in der Zellmetallisierung (ca. 2 g Blei pro 60-Zellen-Modul) und in den eingesetzten Loten (ca. 10 g Blei). Blei, ein giftiges Schwermetall, ist in bestimmten, stark sauren oder basischen Umgebungen löslich und die Lamination im Modul unterbindet den Stofftransport nicht dauerhaft. In waferbasierten Modulen lässt sich Blei durch unbedenkliche Materialien bei geringen Mehrkosten vollständig ersetzen. Einige Modulhersteller setzen Rückseitenfolien ein, die Fluorpolymere wie Polyvinylfluorid enthalten.

Dünnschicht-Module

Dünnschicht-Module auf CdTe-Basis (Cadmiumtellurid, ca. 5 % Marktanteil) enthalten Cadmium in Salzform, es lässt sich bei dieser Technologie nicht substituieren. Das metallische Cadmium sowie Cadmiumoxid werden als sehr giftig eingestuft, CdTe als gesundheitsschädlich. Es gibt alternative Dünnschicht-Technologien auf Basis von amorphem Silizium oder Kupfer-Indium-Selenid (CIS), die kein oder sehr wenig Cd enthalten.

CIS-Solarzellen enthalten Selen, welches vor allem als Oxid (z. B. nach Bränden) toxisch wirken kann, abhängig von der aufgenommenen Menge. Manche Hersteller erklären die Konformität ihrer CIS-Solarmodule mit der RoHS-Richtlinie (Restriction of certain Hazardous Substances) sowie der EU-Chemikalienverordnung REACH (Registration, Evaluation, Authorisation and Restriction of Chemicals). Für eine differenzierte Bewertung wird auf unabhängige Untersuchungen des jeweiligen Modultyps verwiesen.

Solarglas

Gängige Solarmodule benötigen als Frontscheibe ein Glas mit einer sehr geringen Absorption (Solarglasqualität). Manche Glashersteller läutern die Glasschmelze und erhöhen die Lichtdurchlässigkeit durch Beigabe von Antimon (Sb). Wenn Sie dieses Glas aber auf Deponien entsorgen, kann das Antimon ins Grundwasser gelangen. Alternative Klärungsverfahren ohne Antimon-Beigabe sind verfügbar.

Antimon: Antimon ist ein chemisches Element mit dem Symbol Sb und der Ordnungszahl 51 im Periodensystem der Elemente. Es handelt sich um ein Metall, das in der Natur meist in Form von Erzen wie Stibnit (Antimonit) vorkommt. Antimon hat eine silberweiße Farbe und ist spröde sowie relativ weich. Es wird in der Herstellung von Flammschutzmitteln, Batterien, Halbleitern, Keramik und Pigmenten eingesetzt. Aufgrund seiner toxischen Eigenschaften ist Antimon in reiner Form gesundheitsschädlich und sollte mit Vorsicht behandelt werden.

How to: Montage & Anschluss

Die erstmalige Inbetriebnahme der PV-Anlage erfolgt in der Regel durch den zuständigen Netzbetreiber. Dies geschieht im Zuge der Zählersetzung in Begleitung eines Vertreters des beauftragten Fachbetriebs. Für die Inbetriebnahme ist jedoch nicht unbedingt die Anwesenheit des Netzbetreibers erforderlich, soweit die verantwortliche Elektrofachkraft bei dem zuständigen Netzbetreiber gelistet und selbst zum Zählersetzen des kundeneigenen Zählers berechtigt ist. In der Regel wird jedoch der Netzbetreiber bei der Inbetriebnahme dabei sein, da der Zähler in der Praxis von ihm gestellt und eingebaut wird. Bevor es so weit ist, muss die Anlage natürlich erst montiert werden. Handelt es sich um eine große Flächenanlage, übernimmt die Montage, allein schon aus Zeitgründen, eine Fachfirma. Auch die meisten Aufdachanlagen werden entweder von dem Solarteur, oder einem von ihm beauftragten Handwerker, installiert. Sind Sie handwerklich geschickt und trauen sich die Montage selbst zu, steht dem grundsätzlich nichts im Wege. Die folgenden Punkte sollten dabei eine Hilfestellung geben.

Montage

1. Das passende Montagesystem

Ein wesentliches Element einer Photovoltaikanlage ist das Montagesystem. Ohne geht es in der Regel nicht. Schließlich müssen die Module auch bei Wind und Wetter auf dem Dach bleiben. Und das ist schon die erste Unterscheidung bei dem Montagesystem, ob es sich um ein Flach- oder Satteldach handelt. Auch das Gewicht der Module, ob mit Rahmen oder ohne, sowie die Belastung durch Schnee und Wind müssen bei der Auswahl ebenfalls beachtet werden. Am einfachsten ist es, wenn Sie diesen Punkt mit dem Fachbetrieb abstimmen, denn er sollte wissen, welches Montagesystem zu den angebotenen Modulen passt.

Wenn möglich, sollten Sie darauf achten, dass aus Haftungsgründen die elektrischen Verbindungen und Anschlüsse trotzdem von einem Fachbetrieb durchgeführt werden.

2. Montagesysteme für Flachdächer

Flachdächer bieten gute Voraussetzungen für den Betrieb einer Photovoltaikanlage, da durch die aufgeständerte Montageweise nicht nur der Neigungswinkel, sondern auch die Ausrichtung optimal gewählt werden kann. Die Module werden hierbei an dem Montagesystem mit Klammern befestigt. Die Verankerung des Gestells, in der Regel aus Aluminium, ist jedoch nicht ganz unproblematisch und muss an die vorhandenen Gegebenheiten angepasst werden.

Wird das Gestell mit Schrauben mit dem Dach verschraubt, muss trotz der Bohrung die Dichtigkeit des Daches gewährleistet sein. Es gibt mittlerweile Systeme, die, um die Stabilität zu erhöhen, miteinander verschraubt und nur am Rand des Daches oder des Gestells am Boden befestigt werden, um unnötige Beschädigung der Dachhaut zu vermeiden. Eine weitere Möglichkeit, das Montagesystem zu verankern, ist es, diese durch Gewichte zu beschweren. Angeboten werden große Kunststoffwannen, die so beschwert werden, dass auch ohne Schrauben die nötige Stabilität erreicht wird. Da dies aber eine sehr große Belastung für das Dach bedeutet, sollte die Statik unbedingt vorher geprüft werden.

Ein Flachdach bietet auch die Möglichkeit des Aufstellens eines Nachführungssystems. Das bedeutet, die Module können entweder den Neigungswinkel, die Ausrichtung oder beides verändern, um den optimalen Ertrag zu erzielen. Dabei werden die Module entweder durch einen oder eben zwei Elektromotoren der Sonne nach ausgerichtet. Das geschieht jahreszeit- und uhrzeit- oder sensorgesteuert. Diese Technik ist aber sehr wartungsintensiv und teuer. Um diese Nachteile auszugleichen, wird die dadurch mögliche 30-prozentige Ertragssteigerung häufig nur bei großen Freiflächenanlagen erreicht und ist deshalb auf privaten Flachdächern eher selten anzutreffen.

3. Montagesystem für Schrägdächer
Schrägdächer bieten aufgrund ihrer Konstruktion ein erhöhtes Gefahrenpotenzial, deshalb sollten Sie bei der Montage zusätzlich die Witterungsverhältnisse und die üblichen Sicherungsvorkehrungen beachten.

Die Grundlage dieses Montagesystems bilden die Dachhaken. Sie werden auf den vorhandenen Dachsparren verschraubt. Je nach Art der Dacheindeckung werden dazu unterschiedliche Dachhaken angeboten. Für die Befestigung wird auf der Unterseite bei der entsprechenden Dachpfanne ein Stück entfernt bzw. geflext und die Dachpfanne wird dann wieder eingesetzt. Es gibt auch mittlerweile feuerverzinkte „Metalldachpfannen", die anstelle der vorhandenen Dacheindeckung angebracht und verschraubt werden können. Das erspart das Herausflexen und beschleunigt die Montage. Die Anzahl und die Art der Haken richten sich nach dem Gewicht der PV-Anlage und nach der Belastung durch Wind und Schnee. Achten Sie zusätzlich auf höhenverstellbare Haken, denn dadurch können Unebenheiten im Dach ausgeglichen werden und die Module eine einheitliche Fläche bilden.

Im zweiten Schritt werden die Tragschienen angebracht. Je nach Montagesystem können dies

Parallel-, Kreuz- oder Kurzschienen sein. Praktisch sind Schienensysteme mit integrierten Kabelkanälen, welche die Verlegung der Kabelverbindungen deutlich erleichtern. Zum Schluss werden die Module entweder mit Modulklemmen an den Schienen befestigt oder in spezielle Schienen „hineingelegt".

Grundsätzlich sollten auch die Montageempfehlungen der Modulhersteller berücksichtigt werden, um die möglichen Garantieansprüche nicht zu verlieren.

Schneelast

1. Schneelast bei der Solaranlageninstallation bedenken
Je nach Größe der PV-Anlage sollten Sie bei der Entscheidung über ein Montagesystem die Belastung durch Schnee einmal genauer betrachten. Zwar rutscht in der Regel der Schnee von den Modulen herunter, bei geringer Dachneigung oder bei bestimmten Wetterverhältnissen kann ein nasser Schnee an den Modulen jedoch auch festfrieren. Durch das zusätzliche Gewicht werden nicht nur die Module, sondern auch das gesamte Montagesystem stark beansprucht.

2. Schneelast-Zonen und ihre Berechnung
Da die Schneemenge in Deutschland regional sehr unterschiedlich ausfällt, lohnt sich ein Blick auf die Schneelastzonenkarte. In der Karte werden die drei nach DIN **EN 1991-1-3** berechneten Zonen ausgewiesen. Je höher die Zone, desto höher die Schneelast. Auch eine Berechnungsformel ist in der DIN **EN 1991-1-3** enthalten. Je nach Dachneigung wird ein Korrekturbeitrag berücksichtigt. Dieser kann auch bei Berechnung der schräg montierten Module auf Flachdächern genutzt werden.

Die **DIN EN 1991-1-3/NA:2019-04** ist eine nationale Anwendungsnorm für Deutschland, die die europäische Norm EN 1991-1-3 ergänzt. Diese Norm legt die Einwirkungen auf Tragwerke fest, die durch Schnee und Eis verursacht werden. Sie enthält spezifische Anforderungen und Berechnungsmethoden für die Bemessung von Bauwerken in Bezug auf Schneelasten und Eislasten.

Die **DIN EN 1991-1-3/NA:2019-04** berücksichtigt regionale Unterschiede in Bezug auf Schneelasten und Eislasten in Deutschland und gibt genaue Vorgaben für die Ermittlung dieser Einwirkungen. Sie dient als Leitfaden für Ingenieure, Architekten und Bauherren, um sicherzustellen, dass Bauwerke den erforderlichen Sicherheitsstandards entsprechen und vor den Einwirkungen von Schnee und Eis geschützt sind.

Auf dieser Internetseite können Sie Ihre Schneelastzone bestimmen:

https://bit.ly/46Vj75u

3. Belastung der Module durch die Schneelast
Die DIN **EN 1991-1-3** weist die Schneelast auf ebenen Flächen aus. Bei Zone 1 beträgt die Belastung zum Beispiel sk = 0,65 kn/qm und kann in bestimmten Regionen (norddeutsches Tiefland) auf bis zu sk = 5,5 kn/qm steigen. Das sind umgerechnet zwischen 65 kg und 550 kg pro Quadratmeter Modulfläche. Als Beispiel: 10 cm Nassschnee wiegt pro Quadratmeter ca. 40 kg. Wie Sie sehen, können da auf eine Dachfläche schon einige Kilogramm zusammenkommen. Außerdem kommt es in einigen Regionen, z. B. im norddeutschen Tiefland, zu starken Schneefällen, die zu einer stärkeren Belastung führen können, als die Region es eher vermuten lässt. Wenn Sie sichergehen möchten, erkundigen Sie sich über die örtliche Schneelast bei Ihrem zuständigen Bauamt.

4. Rechner für Schneelast
Wenn Sie Ihre Schneelast berechnen möchten, bieten zahlreiche Internetseiten Tools dafür.

https://michael-zimnik.de/bauingenieure/mzschneelast.php

Durch die Eingabe der Schneelastzone, der Dachneigung und der Höhe des Standortes über Normalnull (N.N.) errechnen Sie dann die tatsächliche Schneelast, die die Module und das Montagesystem aushalten müssen. Für Regionen mit besonders hoher Schneelast gibt es Module mit verstärktem Rahmen und spezieller Glasabdeckung.

WINDLAST

1. Windlast bei der Installation einer Solaranlage berechnen
Das Klima verändert sich ständig und sollte deshalb auch bei der Installation einer PV-Anlage zukunftsorientiert berücksichtigt werden. Starke Winde bis hin zu Orkanen kommen auch in Deutschland immer häufiger vor. Aus diesem Grund ist die Windlast ein wichtiger Faktor bei der Installation der Module. Dabei wird sowohl der Winddruck (der Druck auf die Module auf der windzugewandten Seite) als auch der Windsog (Belastung auf der windabgewandten Seite) betrachtet. Zusätzlich bestimmt die Windlast den Abstand der Module zum Dachrand. Je höher die Windlast, desto größer muss der Abstand zum Dachrand sein. Auch für diese Berechnungen gibt es eine Norm: die DIN EN 1991-1-4.

Die **DIN EN 1991-1-4** ist Teil der Eurocode-Reihe und behandelt die Einwirkungen auf Tragwerke durch Windlasten. Diese Norm legt die Anforderungen und Berechnungsmethoden fest, die bei der Planung und Konstruktion von Bauwerken berücksichtigt werden müssen, um sie gegen Windbelastungen zu sichern.

Die **DIN EN 1991-1-4** enthält Angaben zur Bestimmung von Windlasten auf Bauwerke, basierend auf verschiedenen Kriterien wie Gebäudehöhe, Geländekategorie und Expositionsklasse. Sie definiert auch die Lastannahmen für verschiedene Arten von Bauwerken, einschließlich Hochhäusern, Brücken und anderen Ingenieurbauwerken.

2. Belastung der Solarmodule durch die Windlast
Schon bei leichten Winden kommt es zu einer Belastung der auf einem Flachdach aufgeständerten oder auf einem Schrägdach montierten Module. Hierbei kommt sogar noch die Sogwirkung hinzu. Einen Vorteil haben aufgrund der Bodennähe die Freiflächenanlagen. Nichtsdestotrotz können bei starker Windbelastungen die Module aus der Verankerung gerissen werden und nicht nur enorme Schäden an den montierten Flächen verursachen, sondern auch naheliegendes fremdes Eigentum beschädigen. Die Montagerichtlinien der Modulhersteller sollen Ihnen dabei helfen, den richtigen Abstand zum Dachrand bei möglichst guter Hinterlüftung der Module zu finden, und sollten unbedingt beachtet werden.

3. Windlast-Zonen und Berechnung der Windlast
Ähnlich der Schneelastzonenkarte ist, nach der Norm DIN 1055-4, Deutschland in vier verschiedene Windlastzonen unterteilt. Für die Einteilung wird die durchschnittliche Windgeschwindigkeit gemessen. Die einzelnen Werte können Sie der folgenden Tabelle entnehmen.

Windlastzone 1	Windgeschwindigkeit: 22,5 m/s
	Druckbelastung: 0,32 kn/qm
Windlastzone 2	Windgeschwindigkeit: 25 m/s
	Druckbelastung: 0,39 kn/qm
Windlastzone 3	Windgeschwindigkeit: 27,5 m/s
	Druckbelastung: 0,47 kn/qm
Windlastzone 4	Windgeschwindigkeit: 30 m/s
	Druckbelastung: 0,56 kn/qm

Wie bei der Schneelast entspricht ein kn (Kilo-Newton) einer Belastung von ca. 100 kg pro Quadratmeter.

Auf dieser Internetseite können Sie Ihre Windlastzone nach PLZ bestimmen lassen:

https://bit.ly/4cARgZl

Sobald Sie die Windlastzone und die mögliche Windbelastung an Ihrem Standort kennen, können Sie dem Datenblatt und den Montagerichtlinien der Hersteller entnehmen, ob die Anforderungen erfüllt werden oder Sie aufgrund Ihres Standortes besonders stabile Rahmen und Module verwenden müssen.

Inbetriebnahme

Ein weiterer wichtiger Schritt ist die Inbetriebnahme. Ab hier produziert die Photovoltaikanlage Solarstrom. Dabei ist der genaue Zeitpunkt der Inbetriebnahme besonders wichtig, denn dieser bestimmt laut dem Erneuerbare-Energien-Gesetz die für die nächsten 20 Jahre gültige Einspeisevergütung. Zusätzlich zu dem Zeitpunkt der Inbetriebnahme entstehen weitere Pflichten und rechtliche Konsequenzen. Diese umfassen unter anderem die Meldung beim Marktstammdatenregister und beim Finanzamt. Aber auch das Risiko des Betriebes einer PV-Anlage geht ab diesem Moment auf Sie über, genauso wie der Beginn der Frist für die Gewährleistung der Bestandteile Ihrer Photovoltaikanlage. Aus diesen Gründen sind das Feststellen und das Dokumentieren des genauen Zeitpunktes sehr wichtig. Aber ab wann gilt eine PV-Anlage als in Betrieb genommen?

1. Inbetriebnahmezeitpunkt

Die „Inbetriebnahme“ ist in § 3 Abs. 5 EEG 2012 genau beschrieben. Das ist, vereinfacht gesagt, dann der Fall, wenn die Anlage technisch betriebsbereit ist und das erste Mal Strom zum Verbrauch oder zum Speichern außerhalb der Anlage geliefert hat. Das Vorhandensein einer Spannung an den Anschlussklemmen alleine reicht dafür nicht aus.

Bevor es aber so weit ist, müssen weitere Voraussetzungen erfüllt werden. Als Erstes sollte ein Anschluss an das öffentliche Netz vorliegen, die Module sollten fest an dem für den dauerhaften Betrieb der Anlage vorgesehenen Ort montiert und der Wechselrichter sollte betriebsbereit installiert sein, genauso wie die abgeschlossenen Vorbereitungen für den Zählereinbau nach den gültigen technischen Anschlussbedingungen (TAG). Im Anschluss muss die Betriebsbereitschaft dem Netzbetreiber gemeldet werden. Zum Schluss wird die Anlage vor der ersten Inbetriebnahme durch eine Elektrofachkraft nach VDE 0100-600 („Errichten von Niederspannungsanlagen – Teil 6: Prüfungen") und DIN EN 62446-1 (DIN VDE 0126-24-1, „Netzgekoppelte Photovoltaiksysteme – Mindestanforderungen an Systemdokumentation, Inbetriebnahmeprüfung und wiederkehrende Prüfung") geprüft und gemessen. Dabei müssen die Ergebnisse dokumentiert und protokolliert werden. Hat der zuständige Elektriker vom Netzbetreiber die Berechtigung zum Zählertausch, kann diese Prüfung dann auch ohne seine Anwesenheit erfolgen.

2. Inbetriebnahmeprotokoll für Photovoltaikanlagen
Ein wichtiges Dokument für den Betreiber einer Photovoltaikanlage ist das Inbetriebnahmeprotokoll. Es ist nicht nur die Voraussetzung für die Zahlung der Einspeisevergütung, sondern dient auch als Nachweis, dass die Anlage alle Normen und Vorschriften erfüllt, die für den Betrieb notwendig sind. Denn dies bescheinigt der Installateur mit seiner Unterschrift.

3. Umfang des Inbetriebnahmeprotokolls
In dem Inbetriebnahmeprotokoll werden alle wichtigen Daten inkl. den Daten des Betreibers und des Prüfers nochmals zusammengefasst und dokumentiert. Im Einzelnen sind das

1. Datum,
2. Firma,
3. Name,
4. Hersteller der Module,
5. Anschrift,
6. Telefonnummer.

Ist der Prüfer nicht gleichzeitig der Installateur der Anlage, so müssen auch die Daten des Installateurs dokumentiert werden.

Nach der DGUV-Vorschrift 3, BetrSichV oder ArbStättV, folgen die Daten der geprüften Anlage. Hierbei werden aufgeführt:

1. Prüfdatum,
2. Netzform,
3. Bezeichnung,
4. Lage und Anschrift,
5. Verkabelung,
6. Grundriss mit Schaltplan,
7. Neigung, Ausrichtung, Montageart und Erdung des Gestells,
8. Anzahl der Module und Strings mit Leistungsangabe,

9. Schutz- und Hauptschalter und Überspannungsableiter,
10. Generatoranschlusskasten mit Herstellerangabe und Anzahl,
11. Wechselrichter mit Herstellerangabe und Anzahl,
12. Erstprüfung oder Wiederholungsprüfung.

Als Nächstes folgt die technische Überprüfung der Anlage. Dabei dürfen nur Geräte verwendet werden, die der Norm VDE 0413

Nach **DIN EN 61557-14; VDE 0413 – 14: 2014 – 02** Elektrische Sicherheit in Niederspannungsnetzen bis AC 1 000 V und DC 1 500 V – Geräte zum Prüfen, Messen oder Überwachen von Schutzmaßnahmen – Teil 14: Geräte zum Prüfen der Sicherheit der elektrischen Ausrüstung von Maschinen (IEC 61557-14:2013); Deutsche Fassung EN 61557-14:2013

entsprechen und auch diese werden im Inbetriebnahmeprotokoll mit Typ, Bezeichnung, Inventarnummer und Kalibrierdatum angegeben, genauso wie das Ergebnis der Sichtkontrolle, der allgemeinen Sicherheit und der Sicherheit gegen direktes Berühren, der Schutzleitern und der Kleinspannung. Im Anschluss werden noch die folgenden Messungen durchgeführt und dokumentiert:

1. Einstrahlung während der Überprüfung,
2. Kurzschlussstrom,
3. Leerlaufspannung am Ausgang des Generatoranschlusskastens,
4. Einspeisezähler und Rückspeisezähler.

Falls nach der Erprobung Mängel auftreten, wird ein Mängelbericht erstellt und das Datum für den nächsten Prüftermin festgelegt. Die Anwesenheit des Netzbetreibers ist bei der Erstellung des Inbetriebnahmeprotokolls nicht notwendig.

Brandgefahr

Immer wieder hört und liest man Meldungen, dass von einer Photovoltaikanlage eine erhöhte Brandgefahr ausgeht und dass die Feuerwehr ein Haus mit vorhandener PV-Anlage kontrolliert abbrennen lässt und nicht löscht. Aufgrund eines erhöhten Nachfrageaufkommens hat sich eine Verbraucherzentrale intensiv mit diesem Thema beschäftigt. Das Ergebnis der Recherche hat die Gerüchte nicht bestätigt. Es haben tatsächlich nur 0,016 % der bis 2013 verbauten PV-Anlagen zu einem Brand geführt. Diese Brände entstanden jedoch in den meisten Fällen durch Planungsfehler, defekte eingebaute Geräteteile oder Installationsfehler. Und nur nebenbei erwähnt: Die höchste

Brandgefahr in Deutschland geht statistisch gesehen von Wäschetrocknern aus. Bei jeder Brandbekämpfung muss die Feuerwehr das Risiko für die Einsatzkräfte einschätzen, sie bildet diese deshalb im Umgang mit stromführenden Materialien und Batteriespeichern aus. In allen Fällen wird versucht, den Brand bestmöglich zu löschen.

1. Gefährliche Elektrizität bei einem Brand mit bestehender Photovoltaikanlage

Elektrizität alleine ist schon sehr gefährlich. In Kombination mit Feuer steigt die Gefahr über das eigentliche Berufsrisiko der Feuerwehrleute hinaus. Vor allem die stromführenden Teile der PV-Anlage stellen ein hohes Risiko dar, auch wenn die Wechselstromseite durch einen Schalter im Wechselrichter abgeschaltet werden kann. Auf der Gleichstromseite ist meistens noch Spannung in den Leitungen zwischen den Modulen und dem Wechselrichter vorhanden. Dabei ist Gleichstrom bereits ab einer Spannung von 120 V für den Menschen tödlich. Werden Stecker oder andere Teile durch Feuer beschädigt oder unsachgemäß getrennt, können Lichtbögen die Einsatzkräfte zusätzlich gefährden.

Lichtbogen

Ein Lichtbogen ist eine elektrische Entladung, die zwischen zwei Elektroden auftritt, wenn eine ausreichend hohe Spannung angelegt wird. Dabei entsteht ein Lichtbogen, der sehr heiß ist und Licht sowie Wärme abgibt.

Strom und Wasser bilden auch keine gute Kombination. Beim Löschen kann sich Löschwasser in einigen Räumen sammeln. Sind dort gleichzeitig Strom führende Bauteile vorhanden, besteht die Gefahr eines Stromschlages. Auch das aus dem Haus herauslaufende Löschwasser kann unter Strom stehen und sowohl die Rettungskräfte als auch andere Menschen gefährden.

2. Andere Gefahren beim Brand

Nicht nur die Elektrizität erschwert die Löscharbeiten der Feuerwehr. Es können weitere Gefahren von einer Photovoltaikanlage im Brandfall ausgehen. Zum einen können es giftige Stoffe sein, die bei der Fertigung der Solarmodule und Kabel verwendet, beim Verbrennen wieder freigesetzt werden und sowohl Mensch als auch die Umwelt gefährden. Zum anderen ist das Brandverhalten bei einem Haus mit Photovoltaikanlage anders. Häufig wird ein gerade entstehendes Feuer übersehen, da die meiste Fläche des Daches durch Module verdeckt ist. Aber durch den sogenannten Kamineffekt, der in dem Raum zwischen den Modulen und der Dacheindeckung entstehende Luftzug, kann das Feuer stark entfacht werden und sich dadurch viel schneller ausbreiten. Auch das hohe Gewicht der Solarmodule und des Montagesystems führt viel schneller zum Einsturz des Daches und gefährdet somit die im Inneren des Gebäudes arbeitenden Einsatzkräfte und Bewohner.

3. Schutzmaßnahmen, die von der Feuerwehr empfohlen werden
Die gute Nachricht ist: Es gibt zahlreiche Maßnahmen, die dabei helfen, Mensch und Material zu schützen.

4. Feuerwehrschalter

Sie ermöglichen es, die PV-Anlage spannungsfrei zu schalten und dadurch nicht nur die Einsatzkräfte vor unsichtbarer Elektrizität zu schützen, sondern auch die Löscharbeiten zu beschleunigen. Die Feuerwehrschalter sind beim Einbau nicht verpflichtend, sollten aber im Interesse aller Beteiligten immer eingesetzt werden.

5. Hinweisschilder

Im Brandfall zählt jede Sekunde, da ist es nicht nur zeitlich, sondern vielleicht auch bautechnisch nicht immer möglich, das Haus vor dem Löschen erst von allen Seiten zu begutachten. Durch Rauch oder während der nächtlichen Dunkelheit kann gerade eine kleine PV-Anlage leicht übersehen werden. Entsprechende Hinweisschilder am Haus geben schnell Auskunft, dass eine Photovoltaikanlage vorhanden ist.

6. Atemschutz

Bei unbekannter Brandschutzklasse wird der Feuerwehr empfohlen, Atemschutzmasken zu tragen, um sich so vor giftigen Stoffen zu schützen. Weiterhin sollte die Lüftungsanlage abgeschaltet werden, damit ein schnelleres Ausbreiten des Feuers verhindert werden kann.

7. Gefahrenstelle absichern

Bei starker Hitze kann das Glas auf den Solarmodulen platzen. Eine weiträumige Absperrung soll die Menschen vor Verletzungen schützen.

Checkliste „Photovoltaik-Installation"

Das Wichtigste für Sie zusammengefasst:

✓ Welches Montagesystem? Bei Selbstmontage ist dies mit dem Fachbetrieb abzustimmen. Beachten Sie die Montagerichtlinien der Hersteller, um Garantieansprüche nicht zu verlieren.

✓ Wie ist die Schnee- und Windlast? Dies ist wichtig bei der Wahl des Montagesystems.

✓ Wird ein Gerüst benötigt? Bei Selbstmontage ist die Unfallverhütung nicht zu vernachlässigen.

✓ Wohin mit dem Wechselrichter? Optimal ist eine kühle, staubfreie und trockene Umgebung nahe dem Einspeisepunkt.

✓ Wer meldet die Anlage beim Netzbetreiber? Die meisten Installateure übernehmen die Meldung beim Netzbetreiber, ansonsten sollten Sie sich rechtzeitig informieren.

✓ Wurde ein Inbetriebnahmeprotokoll erstellt? Dieses wichtige Dokument dient als Nachweis der ersten Inbetriebnahme und der Einhaltung der notwendigen Vorschriften.

✓ Wird eine Anleitung in die Anlage benötigt? Für einen sicheren und effektiven Betrieb sollten die Funktionen und entsprechenden Daten der Geräte bekannt sein.

✓ Sind Ordner für die Unterlagen vorhanden? Rechnungen, Garantien, Inbetriebnahmeprotokoll usw. sollten Sie am besten gemeinsam an einem Ort griffbereit aufbewahren.

Der Betrieb der Solaranlagen

Sind die Planung, Auslegung und richtige Installation einer PV-Anlage die wichtigen Grundlagen vor dem Betrieb, so ergeben sich gerade im laufenden Betrieb einer PV-Anlage weitere entscheidende Punkte, die für den Nutzer von Interesse sind. So stellen sich oftmals Fragen zum Anlagenertrag und zu möglichen Störungen, Ausfällen sowie erforderlichen Prüfungen. Eine regelmäßige Prüfung z. B. gehört nicht nur zur Prävention, zur „vorausschauenden Problemvermeidung", sondern auch zur Erhaltung der Betriebssicherheit. Im Allgemeinen sind Photovoltaikanlagen relativ wartungsarm und es gibt zumindest im privaten Bereich keine Rechtsvorschriften dazu. Doch ganz ohne Wartung und Pflege geht es eben nicht.

Regelmäßige Wartung

Solarmodule

Grundsätzlich sind Solarmodule sehr robust und bedürfen keiner Wartung. Da sie jedoch aufgrund ihrer Lage Wind und Wetter ausgesetzt sind, sollten Sie als Betreiber regelmäßig eine Wartung durchführen – empfohlen wird hier eine halbjährliche Sichtprüfung. Dabei geht es vor allem um das Erkennen von undichten Stellen und Beschädigungen auf der Oberfläche. Treten Verfärbungen auf den Modulen auf, kann die Gefahr eines Hot-Spot-Effekts bestehen. In diesem Fall sollten Sie zeitnah eine genaue Prüfung, zum Beispiel mittels Wärmebildkamera, durchführen lassen, da Brandgefahr besteht.

Hot-Spot-Effekt: Mehrere Solarzellen werden typischerweise in Reihe geschaltet, um die Gesamtspannung zu erhöhen. Wenn eine Zelle keinen Strom produziert, beispielsweise aufgrund von Schatten oder eines Defekts, wirkt sie wie ein Widerstand und erwärmt sich stark. Dieser Vorgang kann die Leistung der Zelle langfristig mindern und sie möglicherweise zerstören.

Falls möglich, sollten die Module auch auf ihren festen Sitz und auf mögliche Verspannungen in der Befestigung geprüft werden. Dabei ist besonders auf Ihre Sicherheit zu achten.

Wechselrichter

Wechselrichter sind deutlich empfindlicher als die Solarmodule, jedoch in der Regel besser zugänglich und einfacher in der Wartung. Händisch ist hier nur eine Prüfung der Steckverbindungen sowohl auf der Gleichstrom- als auch auf der Wechselstromseite notwendig. Aufgrund der möglichen Einbindung der Wechselrichter in das private Netzwerk kann die Softwareaktualisierung automatisch erfolgen und eine Störung wird sofort gemeldet. Eine früher empfohlene tägliche Sichtprüfung wird dadurch überflüssig.

Verkabelung

Zwar sind die Kabel natürlich für den Außeneinsatz vorgesehen, trotzdem können sich Verbindungen durch Wind lockern oder komplett lösen. Je nach Wohnort können auch Tiere, wie zum Beispiel Marder, die Kabel beschädigen. Auch hier sollte, sofern möglich, eine regelmäßige Sichtprüfung durchgeführt werden.

Zähler

Gehört der Zähler dem Netzbetreiber, ist dieser für die Überprüfung und Eichung verantwortlich, ansonsten müssen Sie sich darum kümmern. Empfehlenswert ist auch eine monatliche Zählerstanderfassung.

Montagesystem

Damit die PV-Anlage an Ort und Stelle bleibt, ist ein intaktes Montagesystem notwendig. Bei starker Windbelastung kann sich schon einmal die eine oder andere Klemme und Schraube lösen. Bei häufigem Niederschlag kann Korrosion das Material zusätzlich schädigen. Deshalb sollten Sie das Montagesystem gleichzeitig mit den Modulen überprüfen.

Reinigung

Saubere Solarmodule sind nicht nur optisch ansprechender, sondern auch effektiver bei der Stromproduktion. Oberflächliche Verschmutzung durch Staub, Blütenpollen, Laub und Straßenverkehr können unter Umständen die Effizienz stark beeinträchtigen. Wird die Anlage längere Zeit vernachlässigt, können sich zwischen Glas und Rahmen Moos und sogar Flechten bilden.

Reinigungsbedarf trotz Schnee und Regen?

Es ist richtig, dass Regen und Schnee beim Herunterrutschen den Schmutz auf der Oberfläche beseitigen können, Vogelkot und Verschmutzungen an den Rändern der Modulrahmen bleiben jedoch meistens haften. Das können Sie auch ganz gut an Ihrem Auto beobachten. Nur durch Regen und Schnee wird es einfach nicht sauber. Außerdem ist die Selbstreinigung stark von dem Neigungswinkel der Module abhängig. Der Effekt tritt erst ab einem Winkel von 12° ein. Je nach Standort und Verschmutzung können die Erträge nach einer manuellen Reinigung wieder um 2 bis 7 % steigen.

Reinigungsmittel für Solaranlagen

Durch die Vielzahl an Modulherstellern gibt es hier keine allgemeingültige Antwort. Vor der Reinigung ist immer ein Blick in die Betriebsanleitung sinnvoll. Manchmal finden Sie dort Empfehlungen oder Ausschlüsse zu den Reinigungsmitteln. Ist nichts vermerkt, achten Sie auf sanfte Mittel. Ätzende oder scharfe Reiniger können die Oberfläche der Module beschädigen und die Garantieansprüche verfallen. Leitungswasser ist erlaubt, solange es kalkarm ist, ansonsten eignet sich auch Regenwasser aus der Tonne.

Reinigungsservice

Auch für die Reinigung einer PV-Anlage gibt es mittlerweile Dienstleister. Die Preise variieren regional und können zwischen 1 € und 2,50 € pro Quadratmeter Fläche liegen. Die Häufigkeit einer professionellen Reinigung hängt vor allem von dem Standort der PV-Anlage ab. Liegt sie in der Nähe von landwirtschaftlichen oder industriellen Betrieben mit starker Staub- oder anderer Verschmutzung, sollte die Anlage öfter gereinigt werden als eine Anlage in einem verkehrsberuhigten Wohnbaugebiet.

Selbst reinigen, worauf achten?

Als Erstes sollten Sie auf eine sichere Reinigung achten. Bei einem Flachdach ist es in der Regel kein Problem. Die Erreichbarkeit der Module kann auf einem Schrägdach schon schwieriger sein. Ist dies jedoch beispielsweise durch ein Dachfenster oder Ähnliches gefahrlos möglich, dann benötigen Sie nur noch das richtige Equipment. Eine weiche Reinigungsbürste, ein geeigneter Schwamm oder eine Glasbürste mit Teleskopstange ist mittlerweile einfach im Internet erhältlich – dazu ein sanftes Reinigungsmittel, Wasser aus dem

Gartenschlauch oder der Regentonne und schon kann es losgehen. Auf Hochdruckreiniger sollten Sie möglichst verzichten.

Reparaturen

Obwohl Photovoltaikanlagen ihren Dienst oft sehr viele Jahre im Hintergrund erledigen und relativ wenig Aufmerksamkeit benötigen, kann schon einmal das eine oder andere Bauteil von außen beschädigt werden oder einfach durch natürlichen Verschleiß nicht mehr funktionieren. Kleinere Beschädigungen wie gelöste Kabel oder Schrauben können bei einer Wartung schnell entdeckt und behoben werden. Bei größeren Schäden, wie durch Wind, Hagel oder Marder, müssen die Bauteile repariert oder ausgetauscht werden. Wichtig ist: Unabhängig davon, welches Bauteil betroffen ist, eine Reparatur sollte immer von einer Fachkraft durchgeführt werden. Aufgrund der Spannung besteht Lebensgefahr.

Austausch Wechselrichter

Das anfälligste Bauteil einer Photovoltaikanlage ist der Wechselrichter. Um einen Austausch kommt in der Regel kein Betreiber herum. Aufgrund der technischen Entwicklung wird das gleiche Modell wahrscheinlich nicht mehr lieferbar sein. Deshalb muss der neue Wechselrichter mit der Anlage kompatibel sein und die gleiche Konfiguration haben. Um größere Schäden zu vermeiden, sollten Sie am besten einen Fachmann damit beauftragen. Am einfachsten ist es, den Installateur der Anlage zu kontaktieren. Tritt der Defekt in der Garantiezeit auf, erfolgt der Wechsel sogar kostenlos.

Austausch defekter Solarmodule

In der Regel halten die Module ca. 25 Jahre. Durch Witterungseinflüsse oder Verschattungen können Defekte aber auch viel früher eintreten. Das entsprechende Modul zu finden, ist aber nicht immer ganz einfach. Ein Glasbruch ist in der Regel offensichtlich, aber ein Hot-Spot kann oft erst mit einer Wärmebildkamera entdeckt und lokalisiert werden. Ist die Anlage gut erreichbar, können die einzelnen Module auch durchgemessen und schnell ausgetauscht werden. In den meisten Fällen wird das aber nicht möglich sein. Hier sollten Sie die Unfallgefahr nicht unterschätzen und lieber ein Fachbetrieb mit entsprechendem Equipment mit dem Austausch beauftragen.

Achtung: Nach einem Modulaustausch muss auch der Wechselrichter neu eingestellt werden.

CHECKLISTE „WARTUNG DURCHFÜHREN"

Führen Sie die Wartung nicht selbst durch, ist bei Wartungsverträgen auf folgende Punkte zu achten:

- ☐ Fernwartung: Wird die Anlage fernüberwacht?
- ☐ Ereignisabhängige Sichtkontrolle: Erfolgt eine Sichtprüfung, z. B. nach einem Sturm, Hagel oder Gewitter?
- ☐ Wartungsarbeiten: Wie ist der Wartungsrhythmus?
- ☐ Umfang: Werden von der durchführenden Firma alle Bauteile gewartet?
- ☐ Störungsbeseitigung: Ist die Fehlerbehebung inklusive oder muss der Einsatz extra bezahlt werden?
- ☐ Reparaturen: Werden kleine Reparaturen erledigt und wird Verbrauchsmaterial kostenlos ausgetauscht?
- ☐ Notdienst: Ist ein Notdienst vorhanden?
- ☐ Protokoll: Wird ein Wartungsprotokoll erstellt?
- ☐ Kosten: Haben Sie sich verschiedene Kostenvoranschläge eingeholt? Was kostet die Wartung letztendlich bei dem beauftragten Unternehmen?

Bei der Reinigung ist auf Folgendes zu achten:

□ Standort: Ist mit starker Verschmutzung zu rechnen (Landwirtschaft, Verkehr usw.)? In diesem Fall sollten Sie die Anlage öfter reinigen.

□ Neigungswinkel: Ein Selbstreinigungseffekt erfolgt erst ab ca. 12°. Module mit Rahmen sind schmutzanfälliger.

□ Erreichbarkeit: Können alle Module sicher erreicht werden? Achten Sie bei der Reinigung auf die Sicherheit.

□ Kosten: Was kostet eine professionelle Reinigung? Informieren Sie sich über Anbieter vor Ort.

Was tun bei einem Defekt?

□ Wartungsvertrag: Inhalt auf mögliche Leistungen prüfen

□ Garantie: Besteht noch Garantie? Prüfen Sie die Unterlagen.

□ Versicherung: Ist der Schaden versichert? Fragen Sie bei Ihrer Versicherung nach.

□ Hersteller: Ist eine Kostenübernahme durch den Hersteller möglich? Häufig ist eine Kulanzregelung möglich.

□ Kosten: Was kostet eine Reparatur? Holen Sie einige Kostenvoranschläge ein und vergleichen Sie die Preise.

□ Zeit: Wie schnell erfolgt der Austausch oder die Reparatur (Ertragsausfall)? Ein etwas teureres Angebot kann unter dem Strich günstiger sein.

Smarte Praxistipps

Reinigen Sie Ihre Anlage regelmäßig und befreien Sie die Module vorsichtig von Schnee. So kann die PV-Anlage schneller wieder Strom produzieren und bleibt länger funktionstüchtig. Achten Sie dabei in jedem Fall auf Ihre Sicherheit.

Austauschen von minderwertigen Modulen hilft, die volle Power aus der Photovoltaikanlage herauszuholen. Dabei sollten Sie natürlich das Kosten-Nutzen-Verhältnis im Auge behalten.

Falsch ausgerichtete Wechselrichter und nicht optimal verlegte Kabel mindern die Leistung. Informieren Sie sich ausführlich und investieren Sie ausreichend Zeit in die Planung. Es wird sich über die Nutzungsdauer bezahlt machen.

Das Nachrüsten von Solarmodulen lohnt sich, sobald Ihr Stromverbrauch sich erhöht: Das kann Familienzuwachs sein oder auch die Anschaffung eines E-Autos. Klimageräte und Wärmepumpen kommen immer häufiger zum Einsatz und können ebenfalls den Strombedarf erhöhen.

Sinkt die Leistung der Photovoltaikanlage, lassen Sie diese am besten gleich von einem Fachbetrieb prüfen. Entweder dokumentieren Sie mindestens monatlich den Zählerstand oder Sie nutzen eine smarte Überwachung.

Extra-Tipp: PV-Repowering

Was bedeutete PV-Repowering?

Dass eine Photovoltaikanlage im Laufe der Jahre an Leistung verliert, ist allgemein bekannt. Aber was können Sie dagegen tun? Um den natürlichen, alterungsbedingten Leistungsverlust wieder auszugleichen, steht Ihnen das sogenannte PV-Repowering zur Verfügung. Dabei wird zwischen zwei Arten unterschieden. Grundsätzlich wird mit Repowering die erste Variante bezeichnet: Dabei werden, indem defekte, beschädigte oder gestohlene Bestandteile der Photovoltaik (wie Solarmodule oder Wechselrichter) durch neue und leistungsfähigere Nachfolger ersetzt werden, die Verluste zwangsläufig meistens mehr als nur ausgeglichen. Die zweite Variante ist das aktive Repowering. Dabei werden funktionsfähige Bestandteile durch leistungsfähigere ersetzt, um den Ertrag bewusst zu steigern.

Durch das Solarpaket I soll das Repowering von Dachanlagen vereinfacht werden. Das vom Bundestag und Bundesrat am 16.08.2023 beschlossene Paket hat das oberste Ziel, bis zum Jahr 2030 mindestens 80 % des Gesamtenergiebedarfes durch erneuerbare Energie zu decken, und beinhaltet nicht nur die Maßnahme, die Bürokratie beim Bau und Betrieb von PV-Anlagen zu reduzieren, sondern auch, das aktive Repowering bei den Dachanlagen deutlich zu vereinfachen. Dieses Verfahren ist nicht neu. Betreiber von Flächenanlagen können diese Möglichkeit schon länger nutzen und tauschen ihre ineffizienten Module gegen neue und effizientere, obwohl kein Schaden oder Defekt besteht. Das Besondere dabei ist: Die Höhe der Einspeisevergütung bleibt für die restliche Vertragslaufzeit bestehen, auch wenn sich die Leistung der Anlage erhöht. Teilweise wird für das Ersetzen einzelner oder mehrerer Solarmodule innerhalb einer Photovoltaikanlage auch der Begriff „Refitting" verwendet. In diesem Ratgeber und im Sinne des Solarpakets I wird diese Maßnahme als „Repowering" bezeichnet.

Bei privaten Dachanlagen können folgende technische Bestandteile für das PV-Repowering interessant sein. Am einfachsten ist wahrscheinlich der Austausch des Wechselrichters gegen einen Wechselrichter mit einem besseren Wirkungsgrad. Bei den Modulen ist nicht nur der eigentliche Austausch aufwendiger, sondern auch aufgrund der Vielzahl der Anbieter die Auswahl deutlich größer. Vereinfacht betrachtet hatten die Module im Jahr 2012 eine Leistung von ca. 200 Watt, aktuell liegt die Leistung bei den monokristallinen Modulen bei etwa 430 Watt. Allerdings sind die neuen Solarmodule um einiges größer. Eine mengenmäßige 1-zu-1-Umrechnung ist nicht möglich. Durch Beseitigung von Schäden oder Optimierung der Verkabelung kann ebenfalls eine Leistungssteigerung erreicht werden. Nutzen Sie das Repowering zum Erweitern Ihrer Anlage oder sogar zur kompletten Erneuerung, also für den Abbau und die Entsorgung alter Module, dann sollten Sie unbedingt die Leistung des Wechselrichters prüfen. Er muss die höhere Spannung aufnehmen können.

Eine Leistungsminderung kann natürlich auch andere Gründe haben als eine altersbedingte Degradation. Diese Einflussfaktoren haben Sie bereits in dem Kapitel „Der Betrieb der Solaranlagen" kennengelernt und können mit einem geringen zeitlichen und finanziellen Aufwand behoben werden.

Aber wann ist der richtige Zeitpunkt für ein PV-Repowering? Er kann natürlich mit einem erhöhten Strombedarf aufgrund von Familienzuwachs oder der Anschaffung eines E-Fahrzeugs entstehen. In den meisten Fällen ist es aber eine wirtschaftliche Betrachtung. Stimmen der Ertrag und die Leistung nicht mehr, ist es Zeit, zu handeln. Die Änderungen aus dem Solarpaket I ermöglichen es, die Effizienz der Photovoltaikanlage deutlich zu steigern, ohne die Verringerung der Einspeisevergütung zu befürchten. Vor dieser Regelung haben die Betreiber meistens die 20-jährige Laufzeit der EEG-Vergütung abgewartet, um ihre Anlage grundlegend zu erneuern, da ansonsten der aus den neuen Modulen produzierte Strom nur mit der jeweils zu diesem Zeitpunkt gültigen Einspeisevergütung entlohnt wurde, und die ist ja bekanntlich stetig gesunken. Mit dem Solarpaket I ist es möglich, die vollständige zur

Verfügung stehende Fläche mit neuen und leistungsfähigeren Modulen zu belegen und damit nicht nur die Nennleistung zu steigern, sondern auch die Lebensdauer zu verlängern. Die folgende Tabelle zeigt deutlich die Vor- und Nachteile auf:

Vor- und Nachteile von PV-Repowering

Vorteile	Nachteile
gesteigerte Leistung	neue Investitionskosten
höherer Ertrag	
mehr grüner Strom	
Steigerung von Effizienz und Lebensdauer	
mit neuen Modulen brauchen Dachanlagen weniger Platz	
keine Baugenehmigungen erforderlich	

Die weichen Faktoren zeigen alle in Richtung PV-Repowering. Aber wie sieht das Ganze in Zahlen aus? Da die Gesamtkosten nicht nur regional unterschiedlich ausfallen können, sondern auch von der Wahl der Module und dem individuellen Investitionsvorhaben abhängen, betrachten wir die Kosten vereinfacht in einer Beispielrechnung.

Es wird eine bestehende Anlage mit ursprünglich 10 kWp, die aufgrund Degradation nunmehr nur 8,5 kWp leistet, teilweise in ihrer Effizienz gesteigert. Dabei werden im Austausch neue Module mit einer Leistung von 3 kWp installiert, mehr Dachfläche ist nicht mehr vorhanden. Durch die seit Januar 2023 sinkenden Modulpreise liegen die Kosten bei etwa 350 € pro kWp.

Insgesamt entstehen für die Solarmodule also Kosten in Höhe von ca. 1.050 €. Für die nun 11,5 kWp wird ein neuer Wechselrichter benötigt, der ca. 1.600 € kosten kann. Plus die Installationskosten von durchschnittlich 70 € kann das bei der Umsetzung der Maßnahme an einem Tag Gesamtkosten in Höhe von ca. 3.210 € verursachen.

Dank des Solarpakets I ändert sich durch das Repowering nichts an Ihrem ursprünglichen Vergütungsanspruch und Sie bekommen die volle Leistung bezahlt. Zu dem speziellen Fall der Eigenverbrauchsvergütung, dazu zählen Betreiber, die Ihre Anlage zwischen Januar 2009 und April 2012 in Betrieb genommen haben, gibt es noch keine klare, offizielle Aussage. Deshalb sollten Sie eine Anfrage bei der Clearingstelle EEG (https://www.clearingstelle-eeg-kwkg.de/) stellen, bevor Sie mit dem Repowering beginnen.

Für alle anderen Fälle können wir das obige Beispiel jetzt um die Ertragskomponente erweitern und am Ende feststellen, ob sich das Repowering auch wirtschaftlich lohnt.

Nehmen wir an, dass unsere Beispielanlage 2013 ans Netz gegangen ist und die Einspeisevergütung pro Kilowattstunde 17,02 Cent beträgt. Die anfänglich produzierten 10.000 kWh haben einen jährlichen Ertrag von 1.702 € gebracht. Durch den altersbedingten Leistungsverlust produziert die Anlage 10 Jahre später nur noch 8.500 kWh im Jahr, also 15 % weniger. Die jährliche Vergütung ist dadurch auf 1.447 € gesunken. Selbst bei keinen weiteren Leistungseinbußen sind es für die verbliebenen 10 Jahre 2.550 € weniger Ertrag als zu Beginn der Einspeisung. Vereinfacht gerechnet werden nach dem Repowering 11.500 kWh mit 17,02 Cent vergütet, also mit etwa 1.957 € jährlich. Für die letzten 10 Jahre sind es rund 5.100 € an Mehrertrag bei einer Investition von ca. 3.210 €.

Wie Sie sehen: Ein aktives PV-Repowering kann sich lohnen – wie stark, hängt vor allem von der Höhe der ursprünglichen Einspeisevergütung, der Restlaufzeit der Vergütung und natürlich den Kosten für das Repowering ab. Betreiber von Freiflächenanlagen profitieren schon seit Januar 2023 von dieser Regelung.

Rücknahme und Recycling

PV-Produzenten haben im Juni 2010 mit einem Netzwerk von derzeit über 300 Mitgliedern ein herstellerübergreifendes Recyclingsystem in Betrieb genommen (PV Cycle). Die am 13. August 2012 in Kraft getretene Fassung der europäischen WEEE-Richtlinie (Waste Electrical and Electronic Equipment Directive) musste bis Ende Februar 2014 in allen EU-Staaten umgesetzt sein. Sie verpflichtet die Hersteller, PV-Module kostenlos zurückzunehmen und in den Wertstoffkreislauf zurückzuführen.

WEEE-Richtlinie: Die EU-rechtliche Grundlage für die Entsorgung von Elektro- und Elektronik-Altgeräten (EAG) bildet die Richtlinie 2012/19/EU des Europäischen Parlaments und des Rates über Elektro- und Elektronik-Altgeräte. Diese Richtlinie wurde in nationales Recht durch das Elektro- und Elektronikgerätegesetz (ElektroG) umgesetzt. Die WEEE-Richtlinie definiert Anforderungen für die Entsorgung von EAG und basiert auf dem Prinzip der Produktverantwortung der Hersteller. Dies bedeutet, dass die Hersteller für die abfallwirtschaftliche Verantwortung ihrer Produkte während deren gesamter Lebensdauer zuständig sind.

Im Oktober 2015 trat in Deutschland das Gesetz über das Inverkehrbringen, die Rücknahme und die umweltverträgliche Entsorgung von Elektro- und Elektronikgeräten (Elektro- und Elektronikgerätegesetz – ElektroG) in Kraft.

Es klassifiziert PV-Module als Großgeräte und regelt Rücknahmepflichten sowie die Finanzierung. Der Anteil der Verwertung (Sammelquote) muss mindestens 85 % betragen und der Anteil der Vorbereitung zur Wiederverwendung und des Recyclings mindestens 80 % (Recyclingquote).

Bei der Wiederverwendung werden Aluminiumrahmen, Anschlussdose und Glas vom Laminat getrennt. Aluminium und Glas werden wiederverwertet. Verfahren zur Stofftrennung für das verbleibende Laminat befinden sich noch in der Testphase, zu dessen wertvollen Bestandteilen zählen Silizium, Silber auf den Solarzellen und das Kupfer der Zellverbinder. Die Deutsche Umwelthilfe zeigt in ihrem Weißbuch deutliche Verbesserungspotenziale für die Wiederverwendung und das Recycling von PV-Modulen auf.

Bonus: Smarte Steuertipps für Photovoltaik

Ist eine PV-Anlage steuerlich relevant?

Die gute Nachricht vorweg: Durch die neue Regelung des Jahressteuergesetzes Ende 2022 werden die privaten Photovoltaik-Anlagen steuerlich komplett anders behandelt. Die Änderungen machen vieles wesentlich einfacher und unbürokratischer. Sie können Ihre private Photovoltaikanlage nutzen, ohne sich regelmäßig mit dem Thema Steuern beschäftigen zu müssen. Was sollte zutreffen?

1. Die Photovoltaikanlage wird privat und nicht gewerblich betrieben, was bedeutet, dass Erträge wie EEG-Vergütungen oder Stromverkauf auf das private Girokonto fließen.

2. Die Photovoltaikanlage ist auf einem Wohngebäude oder einem Nebengebäude wie einer Garage oder einem Carport installiert oder wird dort installiert.

3. Der Abgabenpflichtige betreibt maximal 100 Kilowatt-Peak an Photovoltaik-Leistung, wobei eigene Anlagen und Mitunternehmerschaften zusammen betrachtet werden. Bei gemeinsamer Betrachtung gilt eine Obergrenze von 200 Kilowatt-Peak.

4. Die Photovoltaikanlage hat eine maximale Spitzenleistung von 30 Kilowatt-Peak oder bei einem Mehrfamilienhaus eine maximale Spitzenleistung von 15 Kilowatt-Peak pro Wohneinheit.

Wenn Sie diese Bedingungen erfüllen, sind Ihre Einnahmen aus Einspeisevergütung, Stromverkauf und Eigenverbrauch nicht mehr steuerlich relevant. Es ist dann nicht erforderlich, Steuerformulare auszufüllen oder Abgaben auf die Solarstromerzeugung zu zahlen. Diese Änderung bei der Einkommensteuer gilt bereits ab dem Steuerjahr 2022 und für alle folgenden Jahre und ist derzeit zeitlich unbefristet. Die Regelung gilt auch für private Bestandsanlagen, die vor Jahren installiert wurden und für die Sie bisher jährlich Gewinne in der Einkommensteuererklärung angeben mussten. Seit 2022 müssen Sie auch hier keine Gewinnermittlung, wie eine Einnahmen-Überschuss-Rechnung, mehr erstellen und an das Finanzamt übermitteln. Allerdings können Sie die privat betriebene Photovoltaikanlage nicht mehr steuerlich abschreiben und auch keine Versicherungsbeiträge als Betriebsausgabe geltend machen. Zudem entfällt ein weiterer bürokratischer Schritt: Bei der Anschaffung einer neuen Photovoltaikanlage müssen Sie kein Gewerbe mehr anmelden und sich nicht mehr beim Finanzamt als Betreiber steuerlich registrieren. Etwas komplizierter wird es, wenn Sie mit Ihrer Anlage nach steuerlichen Gestaltungsmöglichkeiten suchen. Wichtig sind dann vor allem zwei Fragen:

- ☐ Sind Sie durch den Betrieb der Photovoltaikanlage „unternehmerisch tätig“?
- ☐ Erzielen Sie durch den Verkauf Ihres Solarstroms einen Gewinn?

Tipp: Steuerrechtliche Fragen sollten am besten schon beantwortet werden, bevor Sie die PV-Anlage in Auftrag geben. Zumindest am Anfang ist es sinnvoll, den Rat einer PV-erfahrenen Steuerberatungskanzlei einzuholen. Bei konkreten Fragen zur Steuererklärung hilft Ihnen auch das Finanzamt. Dieser Text ist für private Betreiber gedacht, die abgesehen von der PV-Anlage auf dem eigenen Dach keine weiteren gewerblichen oder freiberuflichen Einkünfte haben.

Überblick über Photovoltaikanlagen im Einkommen- und Umsatzsteuerrecht

Umsatzsteuer, ja oder nein?

Die Behandlung der Umsatzsteuer wurde ebenfalls neu geregelt. Für den Kauf von privaten Photovoltaikanlagen, die auf einem Wohngebäude installiert werden, wird seit dem 1. Januar 2023 keine Umsatzsteuer mehr berechnet. Durch das Jahressteuergesetz von Ende 2022 wurde der Umsatzsteuersatz auf 0 % reduziert. Diese Regelung ist ebenfalls unbefristet. Sie umfasst

- ✓ die Photovoltaik-Anlage,
- ✓ Batteriespeicher,
- ✓ deren Einzelkomponenten,
- ✓ Ersatzteile sowie
- ✓ dazugehörige Handwerksleistungen.

Schon das Angebot des Fachbetriebes darf keine Umsatzsteuer / Mehrwertsteuer mehr enthalten. Gleiches gilt natürlich auch für die Rechnung. Für die 0 % Umsatzsteuer gibt es keine Obergrenze für die Anlagenleistung. Für Photovoltaikanlagen mit bis zu 30 Kilowatt-Peak geht das Finanzamt davon aus, dass die Bedingung „Wohngebäude“ erfüllt ist. Bei größeren Anlagen müssen Sie die Gebäudenutzung nachweisen.

Schaffen Sie die Photovoltaikanlage gemeinsam mit anderen Bestandteilen an, sollten Sie das Angebot oder die Rechnung sorgfältig prüfen. Für Komponenten, die nicht zur Photovoltaikanlage gehören, gelten weiterhin die 19 % Mehrwertsteuer. Gleiches gilt für die Arbeitsleistung bei der Installation.

Ein Beispiel mit Komponenten und zugehörigem Umsatzsteuersatz:

Komponenten	**Umsatzsteuersatz**
Photovoltaik-Anlage:	0 %
Batteriespeicher:	0 %
Wallbox:	19 %
Umbau Hauselektrik:	19 %
Neuer Zählerschrank für PV-Anlage:	0 %
Arbeitszeit PV-Montage:	0 %
Arbeitszeit Batterieeinbau:	0 %
Arbeitszeit Anschluss Wallbox:	19 %
Arbeitszeit Umbau Hauselektrik:	19 %
Arbeitszeit neuer Zählerschrank:	0 %

Weitere Handwerkerleistungen und Komponenten, wie zum Beispiel ein Energiemanagementsystem, bei deren Zuordnung Sie unsicher sind, finden Sie in der FAQ-Liste des Bundesfinanzministeriums.

https://www.bundesfinanzministerium.de/Content/DE/FAQ/foerderung-photovoltaikanlagen.html

Durch den festgelegten Umsatzsteuersatz von 0 % können Sie auch keine Rückerstattung beantragen, da Sie beim Kauf keine Umsatzsteuer bezahlt haben. Auch jährliche Umsatzsteuererklärungen brauchen Sie hierfür nicht mehr abgeben. Damit wurde der private Betrieb von Photovoltaikanlagen sehr stark entbürokratisiert.

Anders als bei der Regelung zur Einkommensteuer gelten die 0 % Umsatzsteuer nur für Neuanlagen, alte Anlagen, die vor dem 1. Januar 2023 in Betrieb genommen wurden, sind von der Änderung nicht betroffen. Auch bei den Inselanlagen ohne eine Anbindung in das öffentliche Netz ist die 19 % Mehrwertsteuer weiterhin fällig.

Betreiben Sie eine dieser Bestandsanlagen und wird bei Ihnen weiterhin auch die EEG-Vergütung zuzüglich Umsatzsteuer ausbezahlt, dann kann ein Wechsel in die Kleinunternehmerregelung interessant sein. Die Einspeisevergütung darf dann die Umsatzgrenze von 22.000 € im Jahr nicht übersteigen, dies trifft auf die Mehrzahl aller privaten PV-Anlagenbetreiber zu, solange Sie keine weiteren Einkünfte aus selbständiger Tätigkeit erzielen. Teilen Sie Ihre Entscheidung unbedingt auch dem Netzbetreiber mit.

Keine Einkommensteuer bei „Liebhaberei"

Erwirtschaften Sie mit Ihrer Photovoltaikanlage aus steuerlicher Sicht und langfristig betrachtet Gewinne, müssen Sie diese versteuern. Eine solche „Gewinnerzielungsabsicht" liegt bei neuen Photovoltaikanlagen auf privaten Wohnhäusern in der Regel aber gar nicht mehr vor. Ohne diese Gewinnerzielungsabsicht geht die Finanzverwaltung von „Liebhaberei" aus. Seit dem 1. Januar 2022 müssen Sie bei einer kleinen PV-Anlage ohnehin keine Einkommensteuer mehr auf Solarstrom-Gewinne zahlen. Dabei ist es egal, wann Sie die Anlage in Betrieb genommen haben und ob Sie einen Teil des Stroms selbst verbrauchen oder ihn komplett verkaufen. Es kommt lediglich auf folgende Eigenschaften Ihrer Photovoltaikanlage an:

✓ **maximal 30 kWp** Leistung bei einem Einfamilienhaus und Gewerbeimmobilien mit einer Gewerbeeinheit

✓ **maximal 15 kWp** Leistung pro Wohn- oder Gewerbeeinheit bei Mehrfamilienhäusern und sonstigen Immobilien mit Gewerbeflächen

Betreiben Sie mehrere PV-Anlagen, müssen Sie zudem eine Gesamtleistungsgrenze beachten. Diese liegt pro steuerpflichtiger Person bei höchstens 100 kWp.

Sobald Sie diese Voraussetzungen erfüllen, gilt für Sie zwingend die Steuerbefreiung bei der Einkommensteuer. Einen Antrag auf Liebhaberei müssen Sie also gar nicht mehr stellen. Es gibt kein Wahlrecht mehr.

Gewinnerzielungsabsicht: Steuerpflicht und mögliche Sonderabschreibung

Betreiben Sie Ihre Photovoltaikanlage mit Gewinnerzielungsabsicht, ergibt sich für Sie ein steuerlicher Gestaltungsfreiraum. Sie können dann Steuern sparen, indem Sie Abschreibungsbeträge vorziehen und damit Ihr zu versteuerndes Einkommen reduzieren. Diese Sonderabschreibungsmöglichkeiten sorgen anfangs für Verluste, die Steuern sparen, später jedoch für Gewinne, die zu höheren Steuern führen können. Ob sich dies für Sie persönlich lohnt, sollten Sie bei einer Steuerberatung prüfen lassen. Dafür sollte unter Ihrer Wirtschaftlichkeitsprognose ein Gewinn stehen. Auf die Vereinfachungsregelung für Anlagen bis 10 kW müssen Sie in diesem Fall verzichten.

Tipp: Wenn Sie vor der Anschaffung der Photovoltaikanlage durch einen Lohnsteuerhilfeverein bei der Steuererklärung unterstützt wurden, darf dieser Ihre Steuererklärung anschließend nur noch dann erstellen, wenn Sie keine gewerblichen Steuererklärungen abgeben müssen, also weder umsatzsteuerpflichtig sind noch eine steuerliche Gewinnerzielungsabsicht mit der Photovoltaikanlage verfolgen.

Sonderregelungen bei Batteriespeichern

Wenn Sie sich für die Umsatzsteuerpflicht entscheiden und gleichzeitig mit der Photovoltaikanlage einen Batteriespeicher anschaffen, erhalten Sie auch die für die Batterie bezahlte Mehrwertsteuer zurückerstattet. Falls Sie aber den Batteriespeicher zu einem späteren Zeitpunkt nachrüsten, ist das meist nicht mehr möglich.

Eine Besonderheit gilt auch bei der Gewinnerzielungsabsicht für Batteriespeicher: Haben Sie eine DC-gekoppelte Batterie, können Sie die Anschaffungskosten der Batterie gemeinsam mit der Photovoltaikanlage über 20 Jahre abschreiben. Bei einer Nachrüstung ist dies noch über die verbleibende Laufzeit der PV-Anlage möglich. Handelt es sich jedoch um eine AC-gekoppelte Batterie, ist eine Abschreibung nur dann möglich, wenn der Speicher unternehmerisch genutzt wird, da ein AC-Speicher steuerlich als ein eigenständiges Wirtschaftsgut gilt. Die Abschreibungsdauer beträgt dann 10 Jahre.

Das Wichtigste im Überblick

1. Wer sich mit dem Thema Photovoltaik beschäftigt, wird nicht nur die Kraft der Sonne und ihre positiven Effekte auf die Natur und den Menschen kennenlernen, sondern auch die Möglichkeiten, die Kraft der Sonne in Form von auf die Erde geschickter Solarstrahlung für die Erzeugung von elektrischem Strom und Wärmeenergie zu nutzen. Dabei gibt es schon innerhalb Deutschlands erhebliche Unterschiede bei der Anzahl von Sonnenstunden und der ankommenden Globalstrahlung. Trotz dieser Unterschiede ist es nahezu in jedem Ort möglich, eine Photovoltaikanlage unter rein ökologischen Gesichtspunkten effektiv zu betreiben. Die technische Weiterentwicklung und das Verwenden von umweltfreundlichen Materialien und Herstellungsverfahren tragen zu einer positiven Ökobilanz ebenso bei wie die bis zu 90-prozentige Wiederverwendung der Rohstoffe eines Solarmoduls. Dadurch schafft es eine Photovoltaikanlage, das 10- bis 18-Fache an Energie zu produzieren, die von der Herstellung bis zur Installation verbraucht wird.

2. Um eine Photovoltaikanlage betreiben zu können, wird eine geeignete Fläche benötigt. Dank der modernen Forschung sind die Möglichkeiten enorm. Es bieten sich freie Bodenflächen, Dachflächen und Fassaden genauso an wie Zaunflächen, Einfahrten und Wege bis hin zu flexiblen Untergründen wie bei Zelten und Kleidung. Hauseigentümer haben es bei der Flächensuche etwas einfacher. Aber auch Mieter haben die Möglichkeit, fremde Flächen für die Stromproduktion zu nutzen. Wie viel Strom die jeweilige Solarzelle aber produzieren kann, hängt von bestimmten Faktoren ab. Bei fest verbauten Modulen ist es zum einen die Ausrichtung. Nach Süden ausgerichtete Module sind am effektivsten, auch in Ost- und Westrichtung liegende Module ermöglichen durch die größere Fläche meist einen wirtschaftlichen Betrieb der Anlage. Zum anderen ist es der Neigungswinkel. Da die Sonneneinstrahlung zeitlich bei dem Optimum im Winkel von 90° im Tagesverlauf nur sehr kurz andauert, liegt der Kompromiss bei 30° bis 35° Neigung. Die besten Voraussetzungen bringen nichts, wenn die Module von naheliegenden oder auch fernen Objekten verdeckt werden. Deshalb sollte auch eine mögliche Verschattung nicht nur im Tages- und Jahreszeitenverlauf berücksichtigt werden, sondern auch zukunftsgerichtet. Ist eine geeignete Fläche gefunden, stellt sich noch die Frage nach dem Zweck, der mit dem Betrieb einer Photovoltaikanlage erreicht werden soll. Dient sie allein der Stromversorgung eines speziellen Objektes wie eines Ferienhauses, einer Berghütte oder sogar eines Wohnmobils oder Bootes oder ist das primäre Ziel die Reduzierung und Optimierung der bestehenden Stromkosten? Je nach Betriebsmodell werden unterschiedliche Bestandteile benötigt. Für eine optimale Auslegung der Photovoltaikanlage sind noch zwei weitere Größen entscheidend: der eigene Stromverbrauch und das Verbrauchsverhalten. Auch hierbei sollte eine vorausschauende Planung einbezogen werden. Sind zudem die behördlichen Fragen wie *„Wird eine Baugenehmigung benötigt?"* und *„Wer meldet die Anlage beim Netzbetreiber?"* geklärt, kann die PV-Anlage theoretisch installiert werden. Doch davor sollte noch ein anderer Punkt betrachtet werden.

3. Lohnt sich das Ganze überhaupt? Aus rein ökologischen Gründen haben wir die Frage schon mit „Ja" beantwortet. Unter wirtschaftlichen Gründen ist die Antwort individuell. Um die für Sie zutreffende zu bekommen, müssen Sie als Erstes die Anschaffungskosten für die Bestandteile der Photovoltaikanlage wie Solarmodule, Wechselrichter, Montagesystem, Verkabelung, Speicher usw. ermitteln. Natürlich haben auch hier die Art, die Herkunft und die Qualität der Komponenten einen starken Einfluss auf den Preis, allgemein betrachtet liegen die Kosten stand 05/2024 jedoch auf dem bisher tiefsten Stand. Der zweite Punkt sind die Betriebskosten. Der eigentliche Betrieb ist sicher nicht mit Kosten verbunden, aber die Ausgaben für Wartung, Reinigung und mindestens einen Austausch des Wechselrichters und unter Umständen für andere defekte Bestandteile können für einen wirtschaftlichen Betrieb ausschlaggebend sein. Auch die eventuell anfallenden

Finanzierungskosten sollten nicht vernachlässigt werden. Den Kosten gegenüber stehen die Erträge. Da diese für die gesamte Lebensdauer der PV-Anlage von 25 bis 30 Jahren ermittelt werden sollen, kann das Ergebnis nur näherungsweise bestimmt werden. Das können Sie sehr gut an dem größten Posten, der in der Regel aus den eingesparten Stromkosten besteht, sehen. Diese schwanken unter Umständen sehr stark und so kann die zukünftige Entwicklung nur geschätzt werden. Bei der Einspeisevergütung ist der Ertrag umso einfacher zu ermitteln, da die Höhe für die nächsten 20 Jahre festgelegt ist, dessen Höhe macht hierbei jedoch insgesamt nur einen geringen Teil aus. Der letzte Punkt besteht aus der Förderung. Diese kann vom Bund, Land, Kreis oder auch einer Gemeinde kommen. Sie ist stark abhängig von der politischen Motivation und der wirtschaftlichen Situation des Fördergebers. Ist auch die wirtschaftliche Frage positiv beantwortet, geht es mit dem nächsten Schritt weiter.

4. Bei der Planungsphase wird es nun konkret. Die zentralen Größen dabei sind sowohl der aktuelle und der zukünftige Energiebedarf als auch der mögliche und optimale Eigenverbrauch des produzierten Stromes. Je genauer die Ermittlung und je exakter die Prognose ist, desto optimaler kann die Photovoltaikanlage dimensioniert werden. Dabei sollten Sie auch Wechselwirkungen, wie zum Beispiel der Wärmepumpe oder anderer Energieverbraucher im Haushalt, genau betrachten. Unter Berücksichtigung der örtlichen und baulichen Gegebenheiten können Sie nun Angebote für die gewünschte Photovoltaikanlage einholen. Für die Planung kann natürlich auch direkt ein Solarteur in Anspruch genommen werden. Ein regionaler Anbieter hat viele Vorteile. Nicht nur die Kontaktaufnahme ist einfacher, die räumliche Nähe erleichtert zudem sowohl die Besichtigung des Montageortes seitens des Solarteurs als auch eine Besichtigung von Referenzanlagen Ihrerseits. Ein Fachbetrieb vor Ort kennt in der Regel auch die baurechtlichen Vorschriften und ist bei Störungen und Reklamationen besser „greifbar“. Sind die Preise im Angebot detailliert aufgeschlüsselt, ist der Vergleich einfacher. Beim Komplettpreis kann die Umrechnung des Gesamtpreises pro kWp die Vergleichbarkeit gewährleisten.

5. Der Preis alleine ist nicht unbedingt aussagekräftig. Damit Sie nicht Äpfel mit Birnen vergleichen, ist es von Vorteil, zu wissen, welche Bestandteile Sie je nach Art der Photovoltaikanlage benötigen, und außerdem die Unterschiede bei den angebotenen Komponenten der PV-Anlage zu kennen und zu erkennen. Bei den Solarmodulen wird hauptsächlich in monokristalline, polykristalline und Dünnschicht-Module unterschieden. Die organische Solarzelle befindet sich noch weitestgehend in der Entwicklung und wird in der Regel noch nicht angeboten. Für die Wahl des „richtigen“ Solarmoduls kann die verfügbare Fläche eine Rolle spielen. Wichtige technische Größen sind der Wirkungsgrad, die Nennleistung und die Leistungstoleranz. Ohne Wechselrichter geht es nicht. Je nach Art, Größe und Ausrichtung der Anlage kann

es ein Inselwechselrichter sein. Bei kleinen netzgekoppelten Anlagen werden Modulwechselrichter verwendet. Die mittleren Anlagen haben einen Stringwechselrichter oder sogar einen Multistringwechselrichter und die Großanlagen benötigen einen Zentralwechselrichter. Auch bei diesem Gerät sind der Wirkungsgrad und die Nennleistung für die Effizienz der gesamten PV-Anlage entscheidend. Die Anlage kann eventuell noch durch die Anzahl der Wechselrichter optimiert werden. Außerdem können sie weitere Funktionen, wie Datenlogger, enthalten, um den Eigenverbrauch einfacher optimieren zu können. Der Einbau sollte am besten an einem trockenen und kühlen Ort nahe dem Einspeisepunkt eingebaut werden. Dann funktionieren die Wechselrichter am effektivsten. Für die genaue Erfassung des Stromflusses werden diverse Stromzähler benötigt. Dieser kann entweder aus einem Einspeisezähler, der die kilowattgenaue Abrechnung des eingespeisten Stroms mit dem Netzbetreiber ermöglicht, und einem Bezugszähler bestehen oder aus einem Zweirichtungszähler. Letzterer vereint die Funktionen des Einspeise- und des Bezugszählers. Für eine genaue Abrechnung sollte dabei auf eine saldierende Arbeitsweise des Zählers geachtet werden, da es ansonsten zu falschen Eigenverbrauchszahlen kommen kann. Um diese deutlich steigern zu können, wird ein Stromspeicher benötigt. Erprobte und altbewährte Bleibatterien eignen sich dafür nicht. Die für die Speicherung von Photovoltaikstrom lange verwendeten Lithium-Cobalt-Oxid-Akkus werden langsam durch die weniger gefährlichen und umweltfreundlicheren Lithium-Eisen-Phosphat-Akkus verdrängt. Auch hier wird fleißig geforscht. Die neue *Redox-Flow-Batterie* wird aber wahrscheinlich ihren Einsatz als Großspeicher für Stromnetze finden. Trotz der stetigen Weiterentwicklung haben die heutigen Batterien eine Lebensdauer von etwa 10 bis 15 Jahren und müssen ebenfalls mindestens einmal während der Betriebsdauer der PV-Anlage ausgetauscht werden. Ist Ihr Ziel bei dem Betrieb der Photovoltaikanlage ein möglichst hoher Eigenverbrauch, sollte die Speicherkapazität ca. 70 % der Leistung Ihrer PV-Anlage betragen. In manchen Fällen kann auch die Nutzung einer Strom-Cloud dazu beitragen, den Anteil des Verbrauchs an dem eigenen produzierten Strom zu erhöhen. Zukünftig könnte uns auch das E-Fahrzeug, bzw. die darin verbaute Batterie, als weiteres Speichermedium zur Verfügung stehen, dafür müssen sowohl seitens der Politik als auch der Industrie noch einige Anstrengungen unternommen werden. Schließlich sind jedoch alle Teile miteinander zu verbinden. Die Verkabelung, bzw. deren Querschnitt, ist zusätzlich sowohl für den Ertrag als auch für die Sicherheit verantwortlich. Je nach Bedarf oder Vorschrift kann die Photovoltaikanlage um weitere Komponenten erweitert werden. Hier sind die Fernsteuerung, der Datenlogger (falls nicht im Wechselrichter enthalten), der Blitzschutz, der Feuerwehrschalter und zu guter Letzt der PV-Optimierer zu nennen, der bei nicht optimalen Bedingungen die Leistung erheblich steigern kann. Ist nach ausreichender Prüfung ein Anbieter gefunden, kann die Montage beginnen.

6. Wie Sie wahrscheinlich schon ahnen, gibt es auch bei dem Montagesystem verschiedene Möglichkeiten und es ist einiges zu beachten. Dabei gibt es nicht nur die Unterscheidung der Systeme für ein Flachdach oder Schrägdach, sondern auch Unterschiede in dem Schienensystem. Vor der Montage sollten Sie die Statik des Daches prüfen und dafür zumindest den Rat eines fachkundigen Handwerkers einholen. Weitere Aspekte sind die Schneelast und die Windbelastung. Hierbei spielen die Dachhaken eine wichtige Rolle. Der Montage der Anlage folgt die Inbetriebnahme. Dabei ist der Inbetriebnahmezeitpunkt entscheidend. Er ist ausschlaggebend für die Höhe der Einspeisevergütung und das Inbetriebnahmeprotokoll und enthält alle wichtigen Daten – sowohl von der Anlage und von dem Betreiber als auch von dem Installateur und den verwendeten Prüfgeräten. Das erstellte Protokoll ist zum einen die Voraussetzung für die Einspeisevergütung und zum anderen ein Nachweis über die Einhaltung aller wichtigen Vorschriften, die für den Betrieb einer PV-Anlage notwendig sind. An dieser Stelle sollten Sie auch ein besonderes Augenmerk auf die Brandgefahr legen. Auch wenn die eigentliche Montage in Eigenleistung erfolgen kann, sollte der elektrische Teil der Montage von einer Fachkraft durchgeführt werden, nicht zuletzt, weil Installationsfehler die Hauptursache für einen Brand bei einer PV-Anlage sind. Sowohl für die eigene als auch für die Sicherheit der Rettungskräfte sollten Sie einen Feuerwehrschalter und Hinweisschilder anbringen.

7. Der Betrieb einer Photovoltaikanlage bringt viele Vorteile mit sich. Er entlastet nicht nur den eigenen Geldbeutel, sondern auch die Umwelt. Damit dies langfristig so bleibt, müssen Sie auch während des laufenden Betriebes einige Punkte beachten. Als Erstes ist die regelmäßige Wartung zu nennen. Die Solarmodule, die Verkabelung und das Montagesystem sollten auf Beschädigungen und festen Sitz hin kontrolliert werden. Ist ein Zugang nur schwer möglich, muss eine Sichtprüfung erfolgen. Bei den Wechselrichtern sollten regelmäßig die Steckverbindungen geprüft werden. Für die Eichung des Zählers ist der Eigentümer verantwortlich. Verliert die Anlage trotz Wartung an Leistung, kann das auch an verschmutzten Modulen liegen. Zwar können ab einem Neigungswinkel von 12° der Schnee und der Regen zum Teil diese Aufgabe übernehmen, die Ausführung ist aber nicht immer zufriedenstellend. Grundsätzlich können Sie die Reinigung auch selbst durchführen. Dabei ist sowohl auf die Sicherheit als auch auf die richtigen Utensilien, wie weiche Bürsten und sanfte Reinigungsmittel, zu achten. Bei schwer erreichbaren Stellen empfiehlt es sich, einen Dienstleister zu beauftragen. Treten technische Defekte auf, sollten Sie den Fehler schnell suchen und beheben, ansonsten entstehen Ertragsausfälle. Dabei sind bestehende Verträge zu prüfen, um herauszufinden, ob eine Kostenübernahme oder -beteiligung erfolgen kann.

8. In Zeiten der Energiewende können sich immer wieder Gesetzesänderungen zu Ihren Gunsten ergeben. Ein Beispiel ist das PV-Repowering. Es ermöglicht sowohl einen Tausch von defekten Solarmodulen als auch eine Erweiterung oder einen Komplettaustausch der bestehenden Photovoltaikanlage durch neue und leistungsfähigere Bestandteile, ohne den Verlust der Einspeisevergütung. Selbst bei der durch das PV-Repowering gestiegenen Gesamtleistung der PV-Anlage wird die Einspeisevergütung ohne Kürzung für die restliche Laufzeit weitergezahlt. Die alten und nicht mehr benötigten Solarmodule können in der Regel kostenlos bei dem örtlichen Wertstoffhof abgegeben werden, denn über 300 PV-Produzenten haben sich verpflichtet, diese zu recyceln.

9. Eine weitere Vergünstigung betrifft das Steuerrecht. Der Betrieb einer Photovoltaikanlage, zumindest auf dem eigenen Dach, stellt keinen Gewerbebetrieb mehr dar. Die Betreiber können bei Einnahmen unter 22.000 € pro Jahr aus der Einspeisevergütung die sogenannte Kleinunternehmerregelung in Anspruch nehmen und erhalten dann die Vergütung ohne Umsatzsteuer. Folglich entfällt für Sie auch die Abgabe der Umsatzsteuererklärung. Die weitere Änderung betrifft die Berechnung der Umsatzsteuer auf die meisten Bestandteile einer PV-Anlage. Der Steuersatz wurde hier von 19 % auf 0 % gesetzt. Die Inselanlagen sind hiervon allerdings ausgenommen.

10. Auch die einkommensteuerrechtliche Betrachtung hat sich zugunsten der Betreiber geändert. Die Einkünfte aus einer 30-kWp-PV-Anlage sind auf jeden Fall steuerfrei. Dabei ist es unerheblich, wann Sie die PV-Anlage in Betrieb genommen haben und ob Sie den Strom selbst verbrauchen oder komplett einspeisen.

11. Solche Förderungen können eingeführt oder auch abgeschafft werden. Eingeführte Regelungen haben meistens Bestandsschutz. Um in den Genuss neuer Vorteile zu kommen, ist jedoch aktives Handeln notwendig. Daher ist es wichtig, dass Sie sich regelmäßig zu diesem spannenden Thema „Photovoltaik" informieren und auf dem neuesten Stand halten.

Stichwortregister

Amortisation: ist der Zeitraum, indem die Einnahmen oder Einsparungen einer Investition die Ausgaben dafür erreicht oder übertroffen haben. Je kürzer die Zeit ist, desto effektiver ist die Investition.

Antimon: Antimon ist ein chemisches Element mit dem Symbol Sb und der Ordnungszahl 51 im Periodensystem der Elemente. Es handelt sich um ein Metall, das in der Natur meist in Form von Erzen wie Stibnit (Antimonit) vorkommt. Antimon hat eine silberweiße Farbe und ist spröde sowie relativ weich. Es wird in der Herstellung von Flammschutzmitteln, Batterien, Halbleitern, Keramik und Pigmenten eingesetzt. Aufgrund seiner toxischen Eigenschaften ist Antimon in reiner Form gesundheitsschädlich und sollte mit Vorsicht behandelt werden.

Autarkiegrad: Der Autarkiegrad bei einer Photovoltaikanlage ist der Anteil des eigenen Stromverbrauchs, der durch die Photovoltaikanlage selbst erzeugt wird. Ein hoher Autarkiegrad bedeutet, dass ein Großteil des benötigten Stroms direkt von der eigenen Anlage und unabhängig vom öffentlichen Stromnetz erzeugt wird. Der Autarkiegrad kann durch verschiedene Maßnahmen, wie die optimale Auslegung der Solaranlage, die Speicherung von überschüssigem Solarstrom in Batterien und den intelligenten Einsatz von Verbrauchern, maximiert werden. Ein hoher Autarkiegrad trägt dazu bei, die Abhängigkeit von externen Energiequellen zu reduzieren und die Stromkosten zu senken.

Azimutwinkel: Der Azimutwinkel wird oft in der Navigation und Kartografie verwendet, um die Richtung oder Position eines Objekts relativ zu einem Beobachter zu beschreiben. In einfacheren Worten ausgedrückt ist der Azimutwinkel der Winkel, der von Norden aus gemessen wird, um ein Objekt zu finden. Stellen Sie sich vor, Sie stehen an einem Punkt und schauen in eine bestimmte Richtung. Der Azimutwinkel misst dann den Winkel zwischen dieser Richtung und dem Norden, wenn Sie sich im Uhrzeigersinn drehen. In der Regel wird er in Grad gemessen, wobei 0° oft nach Norden zeigt und der Winkel im Uhrzeigersinn bis 360° zunimmt. Also: Wenn jemand sagt „Das Objekt hat einen Azimutwinkel von 45 Grad", bedeutet das, dass man, wenn man sich nach Norden ausrichtet und dann um 45 Grad nach rechts dreht, das Objekt sehen würde.

Bifaziale Module: Bifaziale Solarmodule sind eine spezielle Art von Photovoltaikmodulen, die sowohl auf der Vorder- als auch auf der Rückseite Licht absorbieren und in elektrische Energie umwandeln können. Im Gegensatz zu herkömmlichen monofazialen Solarmodulen können bifaziale Solarmodule das reflektierte Licht von der Umgebung oder von der Unterseite des Moduls nutzen. Bifaziale Solarmodule haben auf beiden Seiten aktive Solarzellen, die entweder aus monokristallinem, polykristallinem oder amorphem Silizium bestehen können. Sie eignen sich besonders gut für Installationen mit hohem Reflexionsgrad, wie z. B. auf Schnee oder Wasser. Die Installation erfordert spezielle Montagesysteme, die eine optimale Ausrichtung und Neigung ermöglichen, um das reflektierte Licht effektiv zu nutzen.

Blockheizkraftwerk: Ein Blockheizkraftwerk (BHKW) ist eine stationäre Energieerzeugungsanlage, die gleichzeitig Wärme und Strom produziert. In einem BHKW wird ein Verbrennungsmotor oder eine Gasturbine genutzt, um einen Generator anzutreiben, der elektrische Energie erzeugt. Die bei diesem Prozess entstehende Abwärme wird genutzt, um Wasser zu erwärmen und Heizenergie zu erzeugen. Blockheizkraftwerke können mit verschiedenen Brennstoffen wie Erdgas, Biogas, Holzpellets oder Öl betrieben werden. Sie zeichnen sich durch einen hohen Wirkungsgrad aus, da sie die bei der Stromerzeugung entstehende Abwärme nutzen und somit insgesamt mehr Energie erzeugen als herkömmliche Heizungen. BHKWs werden häufig in Wohngebäuden, Gewerbebetrieben, Krankenhäusern oder öffentlichen Einrichtungen eingesetzt, um den Eigenverbrauch von Strom und Wärme zu erhöhen und die Energiekosten zu senken. Sie tragen zur Effizienzsteigerung der Energieversorgung bei und können dazu beitragen, den CO_2-Ausstoß zu reduzieren und die Umweltbelastung zu verringern.

Bundesnetzagentur: Die Bundesnetzagentur ist die deutsche Regulierungsbehörde für den Energiemarkt, Telekommunikationsmarkt, Postmarkt und Eisenbahnmarkt. Sie überwacht und reguliert die Netzbetreiber in diesen Bereichen, um faire Wettbewerbsbedingungen zu gewährleisten, Verbraucherinteressen zu schützen und die Sicherheit und Zuverlässigkeit der Netze sicherzustellen. Die Bundesnetzagentur setzt sich auch für die Förderung erneuerbarer Energien und die Umsetzung von EU-Richtlinien im Energiebereich ein.

Cadmiumtellurid: Cadmiumtellurid ist ein Halbleitermaterial, das aus den Elementen Cadmium und Tellur besteht. Es wird häufig in der Photovoltaik-Industrie verwendet, um Dünnschicht-Solarzellen herzustellen. Cadmiumtellurid ist jedoch auch ein giftiges Material und kann bei unsachgemäßer Handhabung oder Entsorgung Umwelt- und Gesundheitsschäden verursachen. Daher ist es wichtig, bei der Verwendung von Cadmiumtellurid entsprechende Sicherheitsmaßnahmen zu treffen und auf eine ordnungsgemäße Entsorgung zu achten.

Cortisol ist ein Hormon, das von den Nebennieren produziert wird. Es gehört zur Gruppe der Glukokortikoide und spielt eine wichtige Rolle im Körper, insbesondere bei der Reaktion auf Stress. Cortisol hat verschiedene Funktionen, darunter die Regulierung des Stoffwechsels, die Unterstützung des Immunsystems, die Kontrolle des Blutzuckerspiegels und die Modulation des Blutdrucks. Es wird oft als „Stresshormon“ bezeichnet, da sein Spiegel während stressiger Situationen ansteigt, um dem Körper die Energiebereitstellung zu erleichtern und ihn auf die Bewältigung der Belastung vorzubereiten.

Die **DIN EN 1991-1-3/NA:2019-04** ist eine nationale Anwendungsnorm für Deutschland, die die europäische Norm EN 1991-1-3 ergänzt. Diese Norm legt die Einwirkungen auf Tragwerke fest, die durch Schnee und Eis verursacht werden. Sie enthält spezifische Anforderungen und Berechnungsmethoden für die Bemessung von Bauwerken in Bezug auf Schneelasten und Eislasten.

Die **DIN EN 1991-1-3/NA:2019-04** berücksichtigt regionale Unterschiede in Bezug auf Schneelasten und Eislasten in Deutschland und gibt genaue Vorgaben für die Ermittlung dieser Einwirkungen. Sie dient als Leitfaden für Ingenieure, Architekten und Bauherren, um sicherzustellen, dass Bauwerke den erforderlichen Sicherheitsstandards entsprechen und vor den Einwirkungen von Schnee und Eis geschützt sind.

Die **DIN EN 1991-1-4** ist Teil der Eurocode-Reihe und behandelt die Einwirkungen auf Tragwerke durch Windlasten. Diese Norm legt die Anforderungen und Berechnungsmethoden fest, die bei der Planung und Konstruktion von Bauwerken berücksichtigt werden müssen, um sie gegen Windbelastungen zu sichern.

Die **DIN EN 1991-1-4** enthält Angaben zur Bestimmung von Windlasten auf Bauwerke, basierend auf verschiedenen Kriterien wie Gebäudehöhe, Geländekategorie und Expositionsklasse. Sie definiert auch die Lastannahmen für verschiedene Arten von Bauwerken, einschließlich Hochhäusern, Brücken und anderen Ingenieurbauwerken.

Donor-Akzeptor-Prinzip: Das Donor-Akzeptor-Prinzip in einer Solarzelle bezieht sich auf die Verwendung von Materialien, die Elektronen entweder abgeben (Donor) oder aufnehmen (Akzeptor) können, um eine effiziente Umwandlung von Sonnenlicht in elektrische Energie zu ermöglichen. In einer Solarzelle wird das Sonnenlicht absorbiert und erzeugt Elektron-Loch-Paare. Der Donor gibt dann Elektronen ab, während der Akzeptor diese Elektronen aufnimmt. Durch diesen Prozess entsteht ein elektrischer Strom, der genutzt werden kann. Das Donor-Akzeptor-Prinzip ist entscheidend für die Leistungsfähigkeit von organischen Solarzellen und anderen Arten von Dünnschicht-Solarzellen.

EEG 2009 § 8 Abnahme, Übertragung und Verteilung
(1) Netzbetreiber sind vorbehaltlich des § 11 verpflichtet, den gesamten angebotenen Strom aus Erneuerbaren Energien und aus Grubengas unverzüglich vorrangig abzunehmen, zu übertragen und zu verteilen. (2) Die Verpflichtung nach Satz 1 und die Verpflichtungen nach § 4 Absatz 1 Satz 1 und Absatz 4 Satz 2 des Kraft-Wärme-Kopplungsgesetzes sind gleichrangig.

EEG 2023 § 11 Abnahme, Übertragung und Verteilung
Netzbetreiber müssen vorbehaltlich des § 13 des Energiewirtschaftsgesetzes den gesamten Strom aus erneuerbaren Energien oder aus Grubengas, der in einer Veräußerungsform nach § 21b Absatz 1 veräußert wird, unverzüglich vorrangig physikalisch abnehmen, übertragen und verteilen. Macht der Anlagenbetreiber einen Anspruch nach § 19 Absatz 1 Nummer 2 geltend, umfasst die Pflicht aus Satz 1 auch die kaufmännische Abnahme.

Funkrundsteuerempfänger: Ein Funkrundsteuerempfänger bei PV-Anlagen dient dazu, auf Signale des Energieversorgers zu reagieren und die Leistung der Anlage entsprechend zu steuern. Dies geschieht, um das Stromnetz stabil zu halten und Überlastungen zu vermeiden.

Gabionenzaun: Ein Gabionenzaun besteht meistens aus Drahtkörben, die mit Steinen oder anderen Materialien gefüllt sind. Diese Drahtkörbe werden üblicherweise aus verzinktem Stahl hergestellt und kommen in verschiedenen Formen und Größen vor. Gabionenzäune werden oft für Landschaftsgestaltungszwecke verwendet, da sie eine ästhetisch ansprechende und gleichzeitig robuste Lösung bieten. Sie können auch als Lärmschutz- oder Sichtschutzwände eingesetzt werden.

Gasphasenabscheidung: Die Gasphasenabscheidung ist ein Verfahren zum Auftragen von dünnen Schichten von Materialien auf Substrate. Bei der Gasphasenabscheidung werden gasförmige Vorläuferverbindungen in einem Reaktionsraum zugeführt, wo sie unter bestimmten Bedingungen (Temperatur, Druck, Gaszusammensetzung) chemische oder physikalische Reaktionen eingehen und die gewünschten Materialschichten auf dem Substrat ablagern. Die Gasphasenabscheidung ermöglicht eine präzise Kontrolle der Schichtdicke und Zusammensetzung sowie die Herstellung von hochwertigen und homogenen Schichten, was zu effizienten Solarmodulen führt.

Hot-Spot-Effekt: Mehrere Solarzellen werden typischerweise in Reihe geschaltet, um die Gesamtspannung zu erhöhen. Wenn eine Zelle keinen Strom produziert, beispielsweise aufgrund von Schatten oder einem Defekt, wirkt sie wie ein Widerstand und erwärmt sich stark. Dieser Vorgang kann die Leistung der Zelle langfristig mindern und sie möglicherweise zerstören.

Die **ISO-Norm 15118** definiert die Grundlagen der Ladekommunikation für das in Europa und den USA vorherrschende Ladesystem CCS (Combined-Charging-System). CCS nutzt dieselbe Steckverbindung (CCS-Type-2) sowohl zum Laden mit Wechselstrom (AC-Laden) als auch zum Schnell-Laden mit Gleichstrom (DC-Laden). Aktuell produzierte und zugelassene Elektrofahrzeuge unterstützen idealerweise ISO 15118-2 in der sogenannten ersten Generation, welche fünf Teildokumente umfasst. Das im April 2022 veröffentlichte Teildokument ISO 15118-20, „Network Protocol and Application Protocol Requirements", gehört zur zweiten Generation und stand daher im Mittelpunkt des diesjährigen Vector-E-Mobility-Symposiums in Stuttgart. Es ersetzt das Teildokument ISO 15118-2 und beschreibt die Anforderungen an das Netzwerkprotokoll sowie das Anwendungsprotokoll. Die Neuerungen finden sich in den Bereichen Energy-Transfer-Modes, Physical-Layer sowie Security. Als neue Energy-Transfer-Modes kommen neben dem bereits beschriebenen Bidirectional-Power-Transfer (BPT), vereinfacht gesagt geht es hier um die Übertragung von Energie von einem Objekt auf das andere, zusätzlich Wireless-Power-Transfer (WPT) sowie Automatic-Connecting-Device-Pantograph (ACD-P) hinzu. Als Physical-Layer (dient der Sicherstellung einer zuverlässigen und effizienten Energieübertragung sowie der Kommunikation zwischen dem Ladegerät und dem Fahrzeug) wird für die drahtlose Kommunikation WLAN gemäß IEEE 802.11n verwendet. Zusätzlich ist in ISO 15118-20 eine TLS-Verschlüsselung mit beidseitiger Authentifizierung nach TLS 1.3 für die Ladekommunikation immer vorgeschrieben, unabhängig davon, ob Plug and Charge (PnC) genutzt wird oder nicht.

Kobalt: Kobalt ist ein chemisches Element mit dem Symbol Co und der Ordnungszahl 27 im Periodensystem der Elemente. Es ist ein silberweißes Metall, das in der Natur häufig in Verbindung mit anderen Elementen wie Nickel und Kupfer vorkommt. Kobalt wird hauptsächlich als Legierungselement verwendet, um die mechanischen Eigenschaften von Metallen zu verbessern. Kobalt findet breite Anwendung in verschiedenen Industriezweigen, darunter die Herstellung von Batterien (insbesondere Lithium-Ionen-Batterien), Legierungen für die Luft- und Raumfahrt, Schmuckherstellung, Farben und Pigmente sowie Bereiche der Medizin (z. B. als Bestandteil von Vitamin B12). Aufgrund seiner vielfältigen Verwendungsmöglichkeiten und seines steigenden Bedarfs in der Elektromobilität und in erneuerbaren Energien ist Kobalt sehr wertvoll. Allerdings gibt es auch Bedenken hinsichtlich der Umweltauswirkungen des Kobaltabbaus sowie der sozialen Probleme in den Förderländern, insbesondere im Zusammenhang mit Kinderarbeit und Arbeitsbedingungen.

Kupfer-Indium-Gallium-Diselenid (CIGS): ist ein Halbleitermaterial, das häufig in der Herstellung von Dünnschicht-Solarzellen verwendet wird. Es besteht aus den Elementen Kupfer, Indium, Gallium und Selen. CIGS-Solarzellen zeichnen sich durch eine hohe Energieumwandlungseffizienz und Flexibilität aus, was sie für verschiedene Anwendungen attraktiv macht. Sie können auch bei diffusem Licht gut arbeiten und haben eine hohe Leistungsdichte. Die Verwendung von Kupfer-Indium-Gallium-Diselenid als Rohstoff in der Solarindustrie trägt zur Entwicklung von umweltfreundlichen und nachhaltigen Energiequellen bei.

Leistungstoleranz: Die Leistungstoleranz bei Solarmodulen gibt an, in welchem Bereich die tatsächliche Leistung eines Solarmoduls von der Nennleistung abweichen kann. Sie wird in Prozent angegeben und zeigt die maximale Abweichung von der Nennleistung des Moduls nach oben oder unten. Eine typische Leistungstoleranz bei Solarmodulen liegt zwischen +/– 3 % bis +/– 5 %. Das bedeutet, dass ein Solarmodul mit einer Nennleistung von 300 Watt und einer Toleranz von +/– 3 % eine tatsächliche Leistung zwischen 291 Watt und 309 Watt haben kann. Eine geringe Leistungstoleranz deutet auf eine hohe Qualität und Präzision bei der Herstellung der Solarmodule hin. Es ist daher ratsam, Solarmodule mit einer engen Leistungstoleranz zu wählen, um eine zuverlässige und effiziente Energieerzeugung zu gewährleisten.

Lichtbogen: Ein Lichtbogen ist eine elektrische Entladung, die zwischen zwei Elektroden auftritt, wenn eine ausreichend hohe Spannung angelegt wird. Dabei entsteht ein Lichtbogen, der sehr heiß ist und Licht sowie Wärme abgibt.

Melatonin ist ein Hormon, das hauptsächlich von der Zirbeldrüse im Gehirn produziert wird, obwohl es auch in anderen Teilen des Körpers vorkommt, wie zum Beispiel im Darm. Es spielt eine wichtige Rolle bei der Regulation des Schlaf-Wach-Zyklus, auch bekannt als den zirkadianen Rhythmus.

MPP-Regler: Ein Maximum-Power-Point-Regler (MPP) überwacht und steuert die optimale Lade- und Entladeleistung der Batterie. Der Regler passt den Betriebspunkt der Batterie kontinuierlich an, um sicherzustellen, dass die maximale Energieeffizienz erreicht wird. Dies ermöglicht eine effiziente Nutzung der gespeicherten Energie und verlängert die Lebensdauer der Batterie. Der MPP-Regler sorgt dafür, dass die Batterie stets mit der optimalen Leistung geladen und entladen wird, um den maximalen Nutzen aus dem Batteriespeicher zu ziehen.

Nennleistung: Die Nennleistung bei Solarmodulen bezieht sich auf die maximale Leistung, die ein Solarmodul unter standardisierten Testbedingungen erzeugen kann. Die Nennleistung wird in Watt-Peak (Wp) angegeben und gibt an, wie viel elektrische Leistung ein Solarmodul bei einer Bestrahlungsstärke von 1000 Watt pro Quadratmeter und einer Zelltemperatur von 25 Grad Celsius erzeugen kann. Je höher die Nennleistung eines Solarmoduls ist, desto mehr Strom kann es pro Fläche erzeugen und somit zur Rentabilität einer Solaranlage beitragen.

Netzstabilität: Photovoltaikanlagen (PV-Anlagen) können die Netzstabilität beeinflussen, sowohl positiv als auch negativ. Auf der positiven Seite können PV-Anlagen dazu beitragen, die Netzstabilität zu verbessern, indem sie erneuerbare Energie in das Netz einspeisen, was die Abhängigkeit von fossilen Brennstoffen reduziert und die CO_2-Emissionen senkt. Darüber hinaus können PV-Anlagen zur dezentralen Energieerzeugung beitragen, was die Last auf das Netz verteilt und die Belastung einzelner Netzbereiche verringert. Auf der anderen Seite können PV-Anlagen jedoch auch Herausforderungen für die Netzstabilität darstellen. Eine unregulierte Einspeisung von Solarstrom in das Netz kann zu Spannungsschwankungen und Frequenzinstabilitäten führen, insbesondere wenn die PV-Erzeugung plötzlich einsetzt oder abfällt (z. B. aufgrund von Wolken oder Sonnenuntergang). Um diese Probleme zu bewältigen, sind technische Lösungen wie intelligente Netzkopplungssysteme und die Integration von Energiespeichern erforderlich, um die Einspeisung von PV-Strom zu steuern und das Netz stabil zu halten.

Photosynthese: Pflanzen nutzen die Energie des Sonnenlichts in einem Prozess namens Photosynthese, um Kohlendioxid und Wasser in Glukose und Sauerstoff umzuwandeln. Dieser Prozess ist für das Wachstum von Pflanzen und somit für die Nahrungsmittelproduktion unerlässlich.

Pufferspeicher: Der Pufferspeicher bei einer Wärmepumpe ist ein Behälter mit Wasser, der dazu dient, überschüssige Wärmeenergie zu speichern und bei Bedarf wieder abzugeben. Der Pufferspeicher fungiert als Zwischenspeicher für die erzeugte Wärme. Wenn die Wärmepumpe mehr Wärme produziert, als gerade benötigt wird, wird die überschüssige Wärme in den Pufferspeicher geleitet und dort gespeichert. Bei sinkendem Wärmebedarf im Gebäude kann dann die gespeicherte Wärme aus dem Pufferspeicher entnommen werden, um das Gebäude weiterhin zu heizen oder Warmwasser bereitzustellen.

Ruthenium: Ruthenium ist ein chemisches Element mit dem Symbol Ru und der Ordnungszahl 44 im Periodensystem der Elemente. Es gehört zur Gruppe der Platinmetalle und ist ein seltenes Übergangsmetall. Ruthenium hat eine silberweiße Farbe, ist hart, spröde und besitzt eine hohe Dichte. Ruthenium wird hauptsächlich als Katalysator in chemischen Reaktionen eingesetzt, insbesondere in der Petrochemie und bei der Herstellung von Pharmazeutika. Es wird auch in der Elektronikindustrie für die Herstellung von Halbleitern und in der Schmuckherstellung verwendet, da es korrosionsbeständig ist. Aufgrund seiner Seltenheit und seiner vielfältigen Verwendungsmöglichkeiten hat Ruthenium einen hohen wirtschaftlichen Wert. Ruthenium wird oft zusammen mit anderen Platinmetallen wie Platin, Palladium und Rhodium abgebaut und gewonnen. Es ist ein wichtiger Rohstoff für verschiedene Hightech-Anwendungen und spielt eine bedeutende Rolle in der modernen Industrie.

Serienregler: Ein Serienregler wird verwendet, um die Spannung der Batterie zu stabilisieren und den Ladestrom zu regeln. Der Regler überwacht die Spannung der Batterie und passt den Ladestrom entsprechend an, um eine Überladung oder Tiefentladung der Batterie zu verhindern. Der Serienregler sorgt dafür, dass die Batterie immer mit der richtigen Spannung geladen wird, und schützt sie vor Schäden durch falsche Ladeströme.

Shunt-Regler: Ein Shunt-Regler ist eine Art von Spannungsregler, der verwendet wird, um die Spannung auf einem konstanten Niveau zu halten. Er funktioniert, indem er einen Teil des Stroms ableitet (shuntet), um die Spannung zu stabilisieren. Dies hilft, Überladung der Batterien zu verhindern und die Effizienz der PV-Anlage zu maximieren. Der Shunt-Regler überwacht kontinuierlich die Spannung und passt den Stromfluss entsprechend an, um sicherzustellen, dass die Batterien optimal geladen werden.

Silizium: Silizium ist ein chemisches Element mit dem Symbol Si und der Ordnungszahl 14. Es ist ein Halbmetall und das zweithäufigste Element in der Erdkruste nach Sauerstoff. Silizium kommt in verschiedenen Formen vor, darunter Siliziumdioxid (Sand) und Siliziumkarbid. Es wird hauptsächlich in der Elektronikindustrie verwendet, um Halbleiter herzustellen, die in Computerchips, Solarzellen und anderen elektronischen Geräten verwendet werden. Silizium ist ein wichtiger Rohstoff für die moderne Technologie und spielt eine wichtige Rolle in vielen Industriebereichen.

Smart-Meter: Ein Smart-Meter, auch intelligentes Messgerät genannt, ist ein digitaler Zähler, der den Energieverbrauch in Echtzeit erfasst und zusätzlich über eine Kommunikationsschnittstelle mit dem Stromnetz verbunden ist. Smart-Meter ermöglichen es Energieversorgern und Verbrauchern, den

Stromverbrauch detailliert zu überwachen, zu analysieren und zu steuern. Durch die kontinuierliche Erfassung von Verbrauchsdaten können Smart-Meter eine präzise Abrechnung des Stromverbrauchs ermöglichen und Verbraucher dabei unterstützen, ihren Energieverbrauch zu optimieren. Darüber hinaus können Smart-Meter auch die Integration von erneuerbaren Energien und die Steuerung von Lastspitzen im Stromnetz erleichtern.

Solarstrahlung: Die Solarstrahlung bezeichnet die gesamte elektromagnetische Energie, die uns von der Sonne aus in Richtung Erde geschickt wird. An der Grenze zur Erdatmosphäre beträgt sie etwa 1.367 W/m².

Solarthermie: Durch Sonnenkollektoren kann im Haushalt sowohl das Brauchwasser erwärmt als auch die Wärme für die Heizungsunterstützung genutzt werden.

Solarteur: Ein Solarteur ist ein Fachmann, der sich auf die Installation, Wartung und Reparatur von Solaranlagen spezialisiert hat. Solarteure sind in der Regel ausgebildete Elektriker, Elektroinstallateure oder Solartechniker, die über das notwendige Know-how und die Erfahrung verfügen, um Photovoltaikanlagen fachgerecht zu installieren und zu betreuen. Die Aufgaben eines Solarteurs umfassen unter anderem die Planung und Dimensionierung von Solaranlagen, die Montage der Solarmodule auf dem Dach oder an anderen geeigneten Standorten, die Installation von Wechselrichtern und Speichersystemen sowie die Inbetriebnahme und Überwachung der Anlage. Darüber hinaus können Solarteure auch für die Wartung und Reparatur von Solaranlagen zuständig sein, um deren reibungslosen Betrieb sicherzustellen. Solarteure spielen eine wichtige Rolle bei der Förderung der Solarenergie und der Umsetzung von nachhaltigen Energielösungen. Sie tragen dazu bei, den Ausbau erneuerbarer Energien voranzutreiben, und helfen Privatpersonen, Unternehmen und öffentlichen Einrichtungen dabei, sauberen Strom aus Sonnenenergie effizient zu nutzen.

Spotmarktpreis: Der Spotmarktpreis beim Strom ist der Preis, zu dem Strom auf einem kurzfristigen Markt gehandelt wird. Er wird in der Regel für die Lieferung von Strom am nächsten Tag festgelegt und basiert auf Angebot und Nachfrage zu einem bestimmten Zeitpunkt. Der Spotmarktpreis wird an speziellen Energiebörsen festgelegt, wie zum Beispiel der European Energy Exchange (EEX) in Deutschland oder der Nord Pool in Skandinavien.

Sputtern: Beim Sputterprozess wird ein Materialtarget (meist ein Metall oder Halbleiter) mit Ionen beschossen, die durch eine Hochspannungsquelle erzeugt werden. Die Ionen treffen auf das Target und lösen Atome oder Moleküle des Materials ab, die dann auf das Substrat abgeschieden werden. Beim

Sputtern werden verschiedene Schichten von Materialien wie Halbleitern oder Metallen aufgebracht, um spezifische Funktionen in den Solarmodulen zu erfüllen. Durch die präzise Kontrolle des Sputterprozesses können dünne Schichten mit hoher Qualität und Präzision hergestellt werden. Das macht die Module effizient und langlebig.

Stromnetzbetreiber: Ein Stromnetzbetreiber ist ein Unternehmen, das für den Betrieb und die Instandhaltung eines Stromnetzes verantwortlich ist. Dies umfasst die Planung, den Bau, den Betrieb und die Wartung von Übertragungs- und Verteilungsnetzen, um eine zuverlässige Stromversorgung sicherzustellen. Sie spielen eine wichtige Rolle bei der Koordination des Stromflusses, der Netzstabilität und der Integration erneuerbarer Energien in das Stromnetz. Alle Netzbetreiber sind im Marktstammdatenregister der Bundesnetzagentur zu finden.

Steckersolargeräte, auch als Mini-PV-Anlagen, Stecker-PV, PV-Plug, Balkonmodule oder Balkon-PV bezeichnet, bestehen meist aus einem oder zwei Solarmodulen mit jeweils 400 Watt (bei einem Modul) oder 800 Watt (bei zwei Modulen). Diese Geräte funktionieren ähnlich wie kleine Kraftwerke. Die Photovoltaikmodule werden mit einem Wechselrichter und den notwendigen Halterungen geliefert und können an Balkonen, Fassaden oder Zäunen montiert oder ebenerdig auf Terrassen oder Dächern aufgestellt werden. Der Anschluss erfolgt einfach über eine Steckdose im Haushalt.

TAB 2007: Sie legen die Anforderungen fest, die erfüllt sein müssen, um eine sichere und zuverlässige Verbindung von Erzeugungsanlagen wie Solarmodulen an das Niederspannungsnetz zu gewährleisten. Einige der technischen Anschlussbedingungen sind:

1. Spannungsbereich: Die Erzeugungsanlage muss innerhalb des zulässigen Spannungsbereichs des Niederspannungsnetzes betrieben werden.

2. Frequenz: Die Frequenz der Erzeugungsanlage muss mit der Netzfrequenz übereinstimmen.

3. Blindleistungskompensation: Die Erzeugungsanlage muss in der Lage sein, Blindleistung bereitzustellen oder aufzunehmen, um die Netzstabilität zu gewährleisten.

4. Schutzmaßnahmen: Die Erzeugungsanlage muss über Schutzmaßnahmen verfügen, um bei Störungen im Netz oder in der Anlage selbst sicher abgeschaltet zu werden.

5. Einspeisemanagement: Bei Überschreitung bestimmter Einspeiseleistungen müssen Maßnahmen zur Reduzierung der Einspeisung getroffen werden.

Vorlauftemperatur: Die Vorlauftemperatur bei einer Wärmepumpe bezieht sich auf die Temperatur des Heizwassers, das in den Heizkreislauf des Gebäudes eingeleitet wird. Diese Temperatur muss von der Wärmepumpe erzeugt werden und beeinflusst die Effizienz und Leistung des Heizsystems. Eine höhere Vorlauftemperatur wird benötigt, um eine angemessene Raumtemperatur zu erreichen, insbesondere bei sehr niedrigen Außentemperaturen. Es ist wichtig, die Vorlauftemperatur entsprechend den spezifischen Anforderungen und Bedingungen des Gebäudes einzustellen, um eine effiziente und komfortable Heizung zu gewährleisten.

Wafer: Ein Wafer ist eine dünne Scheibe aus einem Halbleitermaterial wie Silizium, die sehr häufig in der Mikroelektronik verwendet wird. Auf einem Wafer werden elektronische Bauelemente wie Transistoren und integrierte Schaltkreise hergestellt. Wafer sind die Grundlage für die Produktion von Computerchips und anderen elektronischen Geräten.

Wärmepumpe: Eine Wärmepumpe ist eine Heizungsanlage, die Wärme aus der Umgebungsluft, dem Grundwasser oder dem Erdreich gewinnt und in einem Kreislaufsystem nutzt, um ein Gebäude zu heizen. Sie funktioniert ähnlich wie ein Kühlschrank, nur umgekehrt: Anstatt Wärme zu entziehen, wird Wärme aus einer externen Quelle aufgenommen und ins Gebäudeinnere geleitet. Wärmepumpen sind effizient und umweltfreundlich, da sie erneuerbare Energiequellen nutzen und weniger Primärenergie verbrauchen als herkömmliche Heizungssysteme.

Watt-Peak: Watt-Peak (Wp) ist eine Maßeinheit, die in der Photovoltaik verwendet wird, um die Leistungsfähigkeit von Solaranlagen zu beschreiben. Es bezieht sich auf die maximale Leistung, die eine Solarzelle oder ein Solarmodul unter standardisierten Testbedingungen erzeugen kann. Diese Bedingungen umfassen eine Bestrahlungsstärke von 1000 Watt pro Quadratmeter, eine Zellentemperatur von 25 Grad Celsius und ein spektral normiertes Sonnenspektrum. Je höher der Wert in Watt-Peak ist, desto mehr Energie kann das Solarmodul oder die Solaranlage unter optimalen Bedingungen produzieren. Watt-Peak wird oft verwendet, um die Nennleistung von Solarmodulen anzugeben, und dient als Referenzwert für die Leistungsberechnung von Solaranlagen.

WEEE-Richtlinie: Die EU-rechtliche Grundlage für die Entsorgung von Elektro- und Elektronik-Altgeräten (EAG) bildet die Richtlinie 2012/19/EU des Europäischen Parlaments und des Rates über Elektro- und Elektronik-Altgeräte. Diese Richtlinie wurde in nationales Recht durch das Elektro- und Elektronikgerätegesetz (ElektroG) umgesetzt. Die WEEE-Richtlinie definiert Anforderungen für die Entsorgung von EAG und basiert auf dem Prinzip der Produktverantwortung der Hersteller. Dies bedeutet, dass die Hersteller für die abfallwirtschaftliche Verantwortung ihrer Produkte während deren gesamter Lebensdauer zuständig sind.

Wirkungsgrad: Der Wirkungsgrad von Solarmodulen weist den Prozentsatz aus, der aus Sonnenenergie in elektrische Energie umgewandelt wird. Ein höherer Wirkungsgrad bedeutet, dass ein Solarmodul mehr Sonnenlicht in elektrische Energie umwandeln kann und somit eine höhere Leistung pro Fläche erzielt. Das spielt eine Rolle bei der Entscheidung für bestimmte Solarmodule, je nach den individuellen Anforderungen und Gegebenheiten eines Projekts.

Quellenverzeichnis

Belke, T. & Belke, T. (2024, 19. März). PV-Inselanlage: Nutzen, Größe, Aufbau, Kosten. Zolar. https://www.zolar.de/blog/photovoltaik-inselanlage

Brandgefahr bei Photovoltaik-Anlagen ist ein Gerücht | Verbraucherzentrale Schleswig-Holstein. (2022, 7. August). Verbraucherzentrale Schleswig-Holstein. https://www.verbraucherzentrale.sh/aktuelle-meldungen/energie/brandgefahr-bei-photovoltaikanlagen-ist-ein-geruecht-62536

Doormann, G. (2024a, April 17). Photovoltaik & Umwelt: die Energiebilanz von Solarzellen. https://www.solaranlagen-portal.com/photovoltaik/ratgeber/umweltbilanz

Doormann, G. (2024b, April 19). Photovoltaikförderung und PV-Zuschuss 2024. https://www.solaranlagen-portal.com/solar/wirtschaftlichkeit/foerderung

Energie-Experten. (o. D.). PV-Modul-Montage: Befestigung, Abstand & Kosten. Energie-experten. https://www.energie-experten.org/erneuerbare-energien/photovoltaik/montage

Fonseca, S. (2024, 2. Februar). Kosten und Preise von Solarmodulen (Dezember 2023). Grünes Haus. https://gruenes.haus/preise-solarmodule-preisentwicklung/

Frahm, T. (2024, 22. Januar). Photovoltaik und Sonne. https://www.solaranlagen-portal.com/photovoltaik/voraussetzung/sonne

Janßen, K. (2024, 7. Januar). Inbetriebnahme einer PV-Anlage: Infos & Checkliste (2024). Grünes Haus. https://gruenes.haus/inbetriebnahme-pv-anlage/

Janßen, K. (2024b, Januar 11). Inbetriebnahmeprotokoll: Inhalt, Vorlage, Muster (2024). Grünes Haus. https://gruenes.haus/inbetriebnahmeprotokoll/

Rechtsfragen bei der Installation und Planung einer Photovoltaikanlage. (2023, 26. Oktober). Solaranlage Ratgeber. https://www.solaranlage-ratgeber.de/photovoltaik/photovoltaik-voraussetzungen/photovoltaikanlage-rechtsfragen

Solar, Wärmepumpen & Heizungsratgeber 2024. (2024, 29. Januar). Einspeisemanagement: alles Wichtige 2024 (einfach erklärt!). Solar, Wärmepumpen & Heizungsratgeber 2024. https://solar.red/einspeisemanagement/

Vöpel, A. (2024, 1. Januar). Wechselrichter: Kosten und Preise in 2024. Grünes Haus. https://gruenes.haus/wechselrichter-kosten-preise/

Wegatech. (2024a, März 13). PV-Anlage anmelden – so funktioniert's | Wegatech. https://www.wegatech.de/ratgeber/pv-anlage-anmelden/

Wegatech. (2024b, März 15). Photovoltaik Rendite 2024 - Höhe & Einflussfaktoren | Wegatech. https://www.wegatech.de/ratgeber/photovoltaik/kosten-und-wirtschaftlichkeit/rendite/

Wegatech. (2024c, März 15). So hoch ist die Einspeisevergütung für Photovoltaikanlagen 2024. https://www.wegatech.de/ratgeber/photovoltaik/foerderung-finanzierung/einspeiseverguetung/

Weyres-Borchert, B. & DGS - Deutsche Gesellschaft für Sonnenenergie e.V. (o. D.). RATGEBER PHOTOVOLTAIK. In RATGEBER PHOTOVOLTAIK. https://www.solaranlage-ratgeber.de/wp-content/uploads/ratgeber-photovoltaik.pdf

Wirth, H. & Fraunhofer ISE. (2024). Aktuelle Fakten zur Photovoltaik in Deutschland. In Fakten Zur PV.docx (S. 1–97). https://www.ise.fraunhofer.de/content/dam/ise/de/documents/publications/studies/aktuelle-fakten-zur-photovoltaik-in-deutschland.pdf

1. Auflage
Kontakt: Psiana eCom UG/ Berumer Str. 44/ 26844 Jemgum
Covergestaltung: Fenna Larsson
Coverfoto: depositphotos.com

Made in United States
Cleveland, OH
06 November 2026

47646338R00074